水利水电工程施工技术全书

第三卷 混凝土工程

第五册

混凝土模板

王鹏禹 姬脉兴 等 编著

中国水利水电出版社
www.waterpub.com.cn

内 容 提 要

本书是《水利水电工程施工技术全书》第三卷《混凝土工程》中的第五册。本书系统阐述了混凝土模板的施工技术和方法。主要内容包括：模板设计；常用模板；特殊部位模板；模板制作和安装；模板拆除、保养和维修；脱模剂和模板漆；质量控制；安全管控等。

本书可作为水利水电工程施工领域的工程技术人员、工程管理人员和高级技术工人的工具书，也可供从事水利水电工程科研、设计、建设及运行管理和相关企事业单位的工程技术人员、工程管理人员使用，并可作为大专院校水利水电工程及机电专业师生教学参考书。

图书在版编目（ＣＩＰ）数据

混凝土模板 / 王鹏禹等编著. -- 北京 ：中国水利水电出版社，2016.4（2017.8重印）
（水利水电工程施工技术全书. 第三卷，混凝土工程；5）
ISBN 978-7-5170-4280-8

Ⅰ．①混… Ⅱ．①王… Ⅲ．①混凝土模板 Ⅳ．①TU755.2

中国版本图书馆CIP数据核字(2016)第084455号

书　　　名	水利水电工程施工技术全书 **第三卷　混凝土工程** **第五册　混凝土模板**	
作　　　者	王鹏禹　姬脉兴　等 编著	
出版发行	中国水利水电出版社 （北京市海淀区玉渊潭南路1号D座　100038） 网址：www.waterpub.com.cn E-mail：sales@waterpub.com.cn 电话：（010）68367658（营销中心）	
经　　　售	北京科水图书销售中心（零售） 电话：（010）88383994、63202643、68545874 全国各地新华书店和相关出版物销售网点	
排　　　版	中国水利水电出版社微机排版中心	
印　　　刷	北京纪元彩艺印刷有限公司	
规　　　格	184mm×260mm　16开本　13印张　308千字	
版　　　次	2016年4月第1版　2017年8月第2次印刷	
印　　　数	2001—4000册	
定　　　价	**53.00元**	

《水利水电工程施工技术全书》
编审委员会

顾　　问：　潘家铮　中国科学院院士、中国工程院院士
　　　　　　谭靖夷　中国工程院院士
　　　　　　陆佑楣　中国工程院院士
　　　　　　郑守仁　中国工程院院士
　　　　　　马洪琪　中国工程院院士
　　　　　　张超然　中国工程院院士
　　　　　　钟登华　中国工程院院士
　　　　　　缪昌文　中国工程院院士

名誉主任：　范集湘　丁焰章　岳　曦
主　　任：　孙洪水　周厚贵　马青春
副 主 任：　宗敦峰　江小兵　付元初　梅锦煜
委　　员：（以姓氏笔画为序）

丁焰章	马如骐	马青春	马洪琪	王　军	王永平
王亚文	王鹏禹	付元初	江小兵	刘永祥	刘灿学
吕芝林	孙来成	孙志禹	孙洪水	向　建	朱明星
朱镜芳	何小雄	和孙文	陆佑楣	李友华	李志刚
李丽丽	李虎章	沈益源	汤用泉	吴光富	吴国如
吴高见	吴秀荣	肖恩尚	余　英	陈　茂	陈梁年
范集湘	林友汉	张　晔	张为明	张利荣	张超然
周　晖	周世明	周厚贵	宗敦峰	岳　曦	杨　涛
杨成文	郑守仁	郑桂斌	钟彦祥	钟登华	席　浩
夏可风	涂怀健	郭光文	常焕生	常满祥	楚跃先
梅锦煜	曾　文	焦家训	戴志清	缪昌文	谭靖夷
潘家铮	衡富安				

主　　编：　孙洪水　周厚贵　宗敦峰　梅锦煜　付元初　江小兵
审　　定：　谭靖夷　郑守仁　马洪琪　张超然　梅锦煜　付元初
　　　　　　周厚贵　夏可风
策　　划：　周世明　张　晔
秘 书 长：　宗敦峰（兼）
副秘书长：　楚跃先　郭光文　郑桂斌　吴光富　康明华

《水利水电工程施工技术全书》
各卷主（组）编单位和主编（审）人员

卷序	卷名	组编单位	主编单位	主编人	主审人
第一卷	地基与基础工程	中国电力建设集团（股份）有限公司	中国电力建设集团（股份）有限公司 中国水电基础局有限公司 葛洲坝基础公司	宗敦峰 肖恩尚 焦家训	谭靖夷 夏可风
第二卷	土石方工程	中国人民武装警察部队水电指挥部	中国人民武装警察部队水电指挥部 中国水利水电第十四工程局有限公司 中国水利水电第五工程局有限公司	梅锦煜 和孙文 吴高见	马洪琪 梅锦煜
第三卷	混凝土工程	中国电力建设集团（股份）有限公司	中国水利水电第四工程局有限公司 中国葛洲坝集团有限公司 中国水利水电第八工程局有限公司	席　浩 戴志清 涂怀健	张超然 周厚贵
第四卷	金属结构制作与机电安装工程	中国能源建设集团（股份）有限公司	中国葛洲坝集团有限公司 中国电力建设集团（股份）有限公司 中国葛洲坝建设有限公司	江小兵 付元初 张　晔	付元初
第五卷	施工导（截）流与度汛工程	中国能源建设集团（股份）有限公司	中国能源建设集团（股份）有限公司 中国葛洲坝集团有限公司 中国水利水电第八工程局有限公司	周厚贵 郭光文 涂怀健	郑守仁

《水利水电工程施工技术全书》
第三卷《混凝土工程》编委会

主　　编：席　浩　戴志清　涂怀健

主　　审：张超然　周厚贵

委　　员：（以姓氏笔画为序）

　　　　　　牛宏力　王鹏禹　刘加平　刘永祥　刘志和

　　　　　　向　建　吕芝林　朱明星　李克信　肖炯洪

　　　　　　姬脉兴　席　浩　涂怀健　高万才　黄　巍

　　　　　　戴志清　魏　平

秘 书 长：李克信

副秘书长：姬脉兴　赵海洋　黄　巍　赵春秀　李小华

《水利水电工程施工技术全书》
第三卷《混凝土工程》
第五册《混凝土模板》
编写人员名单

主　　编：王鹏禹

审　　稿：姬脉兴

编写人员：王鹏禹　姬脉兴　李东锋　田　艳　徐永举　王　娟

　　　　　祝培华　罗永红　冯光华　李　志　黄继敏　龚　浩

　　　　　陈上品　邹经瑞　李　海　李国君　佟永强　范志林

序 一

水利水电工程建设在我国作为一项基础建设事业，已经走过了近百年的历程，这是一条不平凡而又伟大的创业之路。

新中国成立 66 年来，党和国家领导一直高度重视水利水电工程建设，水电在我国已经成为了一种不可替代的清洁能源。我国已经成为世界上水电装机容量第一位的大国，水利水电工程建设不论是规模还是技术水平，都处于国防领先或先进水平，这是几代水利水电工程建设者长期艰苦奋斗所创造出来的。

改革开放以来，特别是进入 21 世纪以后，我国的水利水电工程建设又进入了一个前所未有的高速发展时期。到 2014 年，我国水电总装机容量突破 3 亿 kW，占全国电力装机容量的 23%。发电量也历史性地突破 31 万亿 kW·h。水电作为我国当前重要的可再生能源，为我国能源电力结构调整、温室气体减排和气候环境改善做出了重大贡献。

我国水利水电工程建设在新技术、新工艺、新材料、新设备等方面都取得了突破性的进展，无论是技术、工艺，还是在材料、设备等方面，都取得了令人瞩目的成就，它不仅推动了技术创新市场的活跃和发展，也推动了水利水电工程建设的前进步伐。

为了对当今水利水电工程施工技术进展进行科学的总结，及时形成我国水利水电工程施工技术的自主知识产权和满足水利水电建设事业的工作需要，全国水利水电施工技术信息网组织编撰了《水利水电工程施工技术全书》。该全书编撰历时 5 年，在编撰过程中组织了一大批长期工作在工程建设一线的中青年技术负责人和技术骨干执笔，并得到了有关领导、知名专家的悉心指导和审定，遵循"简明、实用、求新"的编撰原则，立足于满足广大水利水电工程技术人员的实际工作需要，并注重参考和指导价值。该全书内容涵盖了水利水电工程建设地基与基础工程、土石方工程、混凝土工程、金属结构制作与机电安装工程、施工导（截）流与度汛工程等内容的目标任务、原理方法及工程实例，既有理论阐述，又有实例介绍，重点突出，图文并茂，针对性及可操作性强，对今后的水利水电工程建设施工具有重要指导作用。

《水利水电工程施工技术全书》是对水利水电施工技术实践的总结和理论提炼，是一套具有权威性、实用性的大型工具书，为水利水电工程施工"四新"技术成果的推广、应用、继承、创新提供了一个有效载体。为大力推动水利水电技术进步和创新，推进中国水利水电事业又好又快地发展，具有十分重要的现实意义和深远的科技意义。

水利水电工程是人类文明进步的共同成果，是现代社会发展对保障水资源供给和可再生能源供应的基本需求，水利水电工程施工技术在近代水利水电工程建设中起到了重要的推动作用。人类应对全球气候变化的共识之一是低碳减排，尽可能多地利用绿色能源就成为重要选择，太阳能、风能及水能等成为首选，其中水能蕴藏丰富、可再生性、技术成熟、调度灵活等特点成为最优的绿色能源。随着水利水电工程建设与管理技术的不断发展，水利水电工程，特别是一些高坝大库能有效利用自然条件、降低开发运行成本、提高水库综合效能，高坝大库的（高度、库容）记录不断被刷新。特别是随着三峡、拉西瓦、小湾、溪洛渡、锦屏、向家坝等一批大型、特大型水利水电工程相继建成并投入运行，标志着我国水利水电工程技术已跨入世界领先行列。

近年来，我国水利水电工程施工企业积极实施走出去战略，海外市场开拓业绩突出。目前，我国水利水电工程施工企业在亚洲、非洲、南美洲多个国家承建了上百个水利水电工程项目，如尼罗河上的苏丹麦洛维水电站、号称"东南亚三峡工程"的马来西亚巴贡水电站、巨型碾压混凝土坝泰国科隆泰丹水利工程、位居非洲第一水利枢纽工程的埃塞俄比亚泰克泽水电站等，"中国水电"的品牌价值已被全球业内所认可。

《水利水电工程施工技术全书》对我国水利水电施工技术进行了全面阐述。特别是在众多国内外大型水利水电工程成功建设后，我国水利水电工程施工人员创造出一大批新技术、新工法、新经验，对这些内容及时总结并公开出版，与全体水利水电工作者分享，这不仅能促进我国水利水电行业的快速发展，提高水利水电工程施工质量，保障施工安全，规范水利水电施工行业发展，而且有助于我国水利水电行业走进更多国际市场，展示我国水利水电行业的国际形象和实力，提高我国水利水电行业在国际上的影响力。

该全书的出版不仅能提高水利水电工程施工的技术水平，而且有助于提高我国水利水电行业在国内、国际上的影响力，我在此向广大水利水电工程建设者、工程技术人员、勘测设计人员和在校的水利水电专业师生推荐此书。

孙浩水

2015 年 4 月 8 日

序 二

　　《水利水电工程施工技术全书》作为我国水利水电工程技术综合性大型工具书之一，与广大读者见面了！

　　这是一套非常好的工具书，它也是在《水利水电工程施工手册》基础上的传承、修订和创新。集中介绍了进入 21 世纪以来我国在水利水电施工领域从施工地基与基础工程、土石方工程、混凝土工程、金属结构制作与机电安装工程、施工导（截）流与度汛工程等方面采用的各类创新技术，如信息化技术的运用：在施工过程模拟仿真技术、混凝土温控防裂技术与工艺智能化等关键技术，应用了数字信息技术、施工仿真技术和云计算技术，实现工程施工全过程实时监控，使现代信息技术与传统筑坝施工技术相结合，提高了混凝土施工质量，简化了施工工艺，降低了施工成本，达到了混凝土坝快速施工的目的；再如碾压混凝土技术在国内大规模运用：节省了水泥，降低了能耗，简化了施工工艺，降低了工程造价和成本；还有，在科研、勘察设计和施工一体化方面，数字化设计研究面向设计施工一体化的三维施工总布置、水工结构、钢筋配置、金属结构设计技术，推广复杂结构三维技施设计技术和前期项目三维枢纽设计技术，形成建筑工程信息模型的协同设计能力，推进建筑工程三维数字化设计移交标准工程化应用，也有了长足的进步。因此，在当前形势下，编撰出一部新的水利水电施工技术大型工具书非常必要和及时。

　　随着水利水电工程施工技术的不断推进，必然会给水利水电施工带来新的发展机遇。同时，也会出现更多值得研究的新课题，相信这些都将对水利水电工程建设事业起到积极的促进作用。该全书是当今反映水利水电工程施工技术最全、最新的系列图书，体现了当前水利水电最先进的施工技术，其中多项工程实例都是曾经创造了水利水电工程的世界纪录。该全书总结的施工技术具有先进性、前瞻性，可读性强。该全书的编者们都是参加过我国大型水利水电工程的建设者，有着非常丰富的各专业施工经验。他们以高度的社会责任感和使命感、饱满的工作热情和扎实的工作作风，大力发展和创新水电科学技术，为推进我国水利水电事业又好又快地发展，做出了新的贡献！

近年来，我国水利水电工程建设快速发展，各类施工技术日臻成熟，相继建成了三峡、龙滩、水布垭等具有代表性的水电工程，又有拉西瓦、小湾、溪洛渡、锦屏、糯扎渡、向家坝等一批大型、特大型水电工程，在施工过程中总结和积累了大量新的施工技术，尤其是混凝土温控防裂的施工方法在三峡水利枢纽工程的成功应用，高寒地区高拱坝冬季施工综合技术在拉西瓦等多座水电站工程中的应用……，其中的多项施工技术获得过国家发明专利，达到了国际领先水平，为今后水利水电工程施工提供了参考与借鉴。

目前，我国水利水电工程施工技术已经走在了世界的前列，该全书的出版，是对我国水利水电工程建设领域的一大贡献，为后续在水利水电开发，例如金沙江上游、长江上游、通天河、黄河上游的水电开发、南水北调西线工程等建设提供借鉴。该全书可作为工具书，为广大工程建设者们提供一个完整的水利水电工程施工理论体系及工程实例，对今后水利水电工程建设具有指导、传承和促进发展的显著作用。

《水利水电工程施工技术全书》的编撰、出版是一项浩繁辛苦的工作，也是一项具有创造性的劳动过程，凝聚了几百位编、审人员近5年的辛勤劳动，克服各种困难。值此该全书出版之际，谨向所有为该全书的编撰给予关心、支持以及为此付出了辛勤劳动的领导、专家和同志们表示衷心的感谢！

马洪琪

2015 年 4 月 18 日

前　言

由全国水利水电施工技术信息网组织编审的《水利水电工程施工技术全书》第三卷《混凝土工程》共分为十二册，《混凝土模板》为第五册，由中国水利水电第三工程局有限公司编写。选取长期从事水利水电工程施工的专家和高级工程管理人员，结合近年来的工程实例，进行广泛的调查研究，参考以往工程技术资料，总结多年来水利水电模板施工方面的经验编撰而成。

混凝土模板施工是建筑领域重要的课题之一，在闸、坝等大体积混凝土及厂房和结构复杂的混凝土施工中，模板工程的费用占混凝土工程总费用的比例较大，且对保证混凝土质量、工期有重要作用，所以，掌握、应用、推广模板施工技术具有重要的意义。

本书在编写过程中本着求新、求准、求实用的原则，着重介绍结论性的内容和实际的应用，简化过程叙述。在选材方面总结以往成熟的施工经验，也选取了近年来应用较为成熟的"五新"技术成果，力求体现技术创新和发展趋势，内容全面、重点突出、多采用比较直观图表来表现，以突出实践性、可操作性与可查性的特点，使读者对水利水电模板施工技术有一个比较全面的、较深层次的认识。技术进步、流程优化和管理提升，是水利水电施工行业发展趋势，我们将在发展中不断进行补充和完善。

本册的编撰人员都是长期从事混凝土模板的专业施工、科研工作，既具有扎实的理论研究水平，又具有丰富的实际工作经验的专业技术人员。

本书在编写过程中得到了何为桢、徐保国、马锡庆、马向丕等专家的大力支持，在此表示感谢。

由于编者水平有限，书中难免有谬误和不妥之处，恳请读者批评指正，以便在以后充实新内容时修改和提高。

编者

2015 年 9 月

目 录

1 综　述

　　模板是保证混凝土结构形状、尺寸和相对位置的模型。模板结构一般包括面板、支撑系统、连接系统和锚固件等。其中，自行移置或滑动的模板，还包括移置（滑动）设施。模板工程是包括模板的设计、制作、安装、维护、拆除和维修等工作在内的系统工作。模板工程的研究内容应包括面板材料、幅面尺寸系列、边框尺寸系列、连接体的标准化、提升手段（包括滑升手段）及拆装专用工具等。在混凝土施工中，模板的安装、拆除、提升或滑升需要的施工时段一般较长，模板施工往往是控制工期的重要工序之一。

　　模板工程费用占混凝土工程总费用的比例较大。根据施工经验统计，在闸、坝大体积混凝土中约占 5%～10%，而在水电站厂房的板、梁、柱或结构复杂的混凝土建筑物施工中可达到 20%～30%。

1.1　模板的要求及选型原则

　　（1）模板的要求。由于模板工程对保证混凝土质量、工期、成本有着重要作用，所以在施工中要认真、慎重、多方案比选，选择高质量低成本的混凝土模板方案。

　　无论采用何种模板，均应使模板结构具有足够的稳定性、刚度和强度，以保证混凝土浇筑后结构物的形状、尺寸和相互位置等符合设计要求。模板表面应平整（对于有外观要求的模板还应做到表面光滑），安装后应严密不漏浆，要保证混凝土内实外光及外观质量。

　　降低模板工程费用的途径：一是模板设计标准化、系列化、生产工厂化、模板定型化，提高其适应性，增加其重复使用次数；二是模板尽量轻型化、安装拆卸简单化、尽量减少材料和吊装费用；三是为了保护生态环境，模板材料应优先选用钢材、胶合材料、土胎膜、砖胎膜、混凝土胎膜及生长周期短的竹材。

　　（2）模板的选型原则。模板的选型应根据建筑物结构形式和模板安拆方式，通过经济、技术方案比较确定。对结构比较简单的大体积混凝土（如混凝土重力坝和拱坝等），大面积混凝土（如厂房内外墙，船闸边墙等），通常采用大型组合钢模板，并尽可能选用悬臂钢模板，如多卡模板。碾压混凝土坝还可选用翻转悬臂模板。对要求表面光滑平整的建筑物（如闸墩、薄拱坝、溢流坝面、闸门室等），优先选用滑动模板。对堆石面板坝的混凝土面板采用无轨滑模；迎水面的堆石防护采用翻转模板。对坝内廊道和承重部位，一般采用混凝土预制模板和 T 形梁。重复多次使用的预制混凝土梁、楼板等预制件底板模板最好选用土胎膜、砖胎膜或混凝土胎膜。木模板一般用于建筑物的边角、结合部、不规则孔洞和预埋件预留孔洞等非标准尺寸部位。地下洞室衬砌越来越多采用钢模台车；供水渠道的斜坡滑模台车和采用 TBM 开挖的长隧道混凝土瓦片也被大量推广应用。通过工技术经济比较，采用混凝土预制板、梁作为大体积混凝土外壳，不仅可节省模板，而且具有工期短、成本低和保温效果好等优点。

1.2 模板结构的组成

模板结构是使结构或构件成型的模型，是混凝土工程施工的重要组成部分。模板结构一般由面板、支撑结构、连接件等组成，可自行移置或滑动的模板，还包括液压提升系统。

混凝土施工对模板结构的基本要求为：保证结构和构件各部分的尺寸和相互位置的正确；具有足够的强度、刚度和稳定性，能可靠地承受各项荷载，且在荷载作用下，模板结构的变形值不超过规定的允许值；结构简单、安拆方便、便于钢筋安装和混凝土浇筑；模板面平整、光洁、易于脱模；模板的接缝严密、不漏浆；模板周转次数多、损耗少、成本较低、技术先进。

1.3 模板的分类

1.3.1 面板分类

（1）按面板材料分类。模板可分为木模板、钢模板、胶合板模板、预制混凝土模板等。

1）木模板的材料一般采用松木和杉木。由于木模板木材耗用量大，重复使用率低，为节约木材，现在水工混凝土模板已经尽量减少木模板的使用，但在钢筋密集的施工缝、基岩面补缝、楼梯踏步、管路埋件穿过模板处以及一些特殊结构部位，木模板仍起着不可或缺的作用。

2）钢模板大致可分为组合钢模和大钢模两类：组合钢模板是一种定型的工具式模板，可用连接构件拼装成较多的形状和尺寸，适用于多种结构形式，在混凝土施工中广泛使用。钢模板投资量大，但周转次数多，重复使用率高，在使用过程中需注意保护，防止人为损坏、生锈或变形。

3）胶合板模板是以角钢为边框、以竹胶合板或复合木胶合板作为面板的定型模板，具有重量轻、刚度大、操作方便、板幅大、拼缝少的优点，因而在混凝土施工中大量使用。

4）预制混凝土模板是采用混凝土或钢筋混凝土预制成的薄板或特定形状的模板，预制混凝土模板往往作为结构混凝土的一部分。

（2）按面板形状分类。模板可分为平面模板和曲面模板。

（3）按受力方式分类。模板可分为侧面模板和承重模板。侧面模板按受力方式不同又分为简支模板、悬臂模板和半悬臂模板。

（4）按支撑结构形式分类。模板可分为满堂脚手架支撑、悬臂支撑、内拉支撑、移动模架支撑等。

（5）按移位方式分类。模板可分为固定式模板、拆卸式模板、移动式模板（移置模板）和滑动模板。

（6）按特点分类。模板可分为普通模板和异形模板；可分为常用模板和特殊部位模板；可分为通用模板和专用模板；也可分为标准模板和非标准模板。异形模板（特殊部位模板）如肘管模板、胸墙模板、渐变段模板、蜗壳模板等。

1.3.2　模板工程

模板工程常用的支撑工具有钢楞、钢桁架、钢筋托具、钢管卡具、柱箍、钢管架以及脚手架等。

1.3.3　固定模板

固定模板的连接工具除木模板采用螺栓与原钉外，一般采用U形卡、L形插销、钩头螺栓、紧固螺栓、对拉螺栓和扣件等。

1.3.4　液压提升系统

液压提升系统主要由支撑杆、液压千斤顶、液压控制台和油路等部分组成。

2 模 板 设 计

2.1 模板设计依据和基本要求

2.1.1 设计依据

(1) 混凝土浇筑上升速度。

(2) 混凝土入仓方式。

(3) 混凝土振捣方式。

(4) 新浇混凝土自重标准值、坍落度、初凝时间、浇筑温度等。

(5) 钢筋自重标准值。

(6) 施工人员及设备荷载。

2.1.2 基本要求

(1) 保证混凝土结构和构件各部分设计形状、尺寸和相互位置正确，符合设计要求。

(2) 具有足够的强度、刚度和稳定性。

(3) 能可靠地承受模板施工规范规定的各项施工荷载，变形不超过允许范围。

(4) 面板板面平整（有外观要求的部位还要求板面光洁），拼缝密合不漏浆。

(5) 安装和拆卸方便，周转次数高，有利于快速、经济和安全施工。

(6) 尽量做到标准化、系列化。

(7) 选型、选材应根据结构物的特点、质量要求及使用次数决定，尽可能选用钢材，少用木材。

模板设计除上述基本要求之外，还应对材料、制作、安装和拆除工艺提出具体要求。设计图纸应标明主要设计荷载及控制条件（如混凝土浇筑上升速度、施工荷载等）。

2.2 设计荷载

2.2.1 模板设计规定

钢模板的设计应符合《钢结构设计规范》（GB 50017—2003）的规定，其截面塑性发展系数取 1.0；其荷载设计值可乘以系数 0.95 予以折减。采用冷弯薄壁型钢应符合《冷弯薄壁型钢结构技术规范》（GB 50018—2002）的规定，其荷载设计值不应折减。

木模板的设计应符合《木结构设计规范》（GB 50005—2003）的规定；当木材含水率小于 25% 时，其荷载设计值可乘以系数 0.90 予以折减。

其他材料的模板的设计应符合有关的专门规定。

2.2.2　荷载标准值

模板设计荷载包括下列几项：

（1）模板的自身重力，一般根据模板设计图纸确定。

（2）新浇筑的混凝土重力，容重一般可采用 24kN/m³。

（3）钢筋及预埋件的重力，应根据设计图纸确定。

（4）施工人员及机具设备的重力，计算模板及直接支撑模板的小楞时，对均布荷载取 2.5kN/m²，另应以集中荷载 2.5kN 再行验算，比较两者所得的弯矩值，按其中较大者采用；计算直接支撑小楞结构构件时，均布荷载取 1.5kN/m²；计算支架立柱及其他支撑结构构件时，均布荷载取 1.0kN/m²。

（5）振捣混凝土时产生的荷载，对水平面模板可采用 2.0kN/m²；对垂直面模板可采用 4.0kN/m²（作用范围在新浇筑混凝土侧压力的有效压头高度之内）。

（6）新浇筑混凝土的侧压力。采用内部振捣器时，最大侧压力可按式（2-1）、式（2-2）计算，并取两个计算结果中的较小值：

$$p = 0.22\gamma_c t_0 \beta_1 \beta_2 v^{1/2} \qquad (2-1)$$

$$p = \gamma_c H \qquad (2-2)$$

式中　p——新浇筑混凝土对模板的最大侧压力，kN/m²；

　　　γ_c——混凝土的容重，kN/m³；

　　　t_0——新浇筑混凝土的初凝时间，h，可按实测确定；当缺乏试验资料时：可采用 $t_0 = 200/(T+15)$；

　　　T——混凝土的浇筑温度，℃；

　　　v——混凝土的浇筑上升速度，m/h；

　　　H——混凝土侧压力计算位置处至新浇筑混凝土顶面的总高度，m；

　　　β_1——外加剂影响修正系数，不掺外加剂时取 1.0，掺具有缓凝作用的外加剂时取 1.2；

　　　β_2——混凝土坍落度影响修正系数，当坍落度小于 30mm 时，取 0.85；当坍落度为 30～90mm 时，取 1.0；当坍落度大于 90mm 时，取 1.15。

混凝土侧压力的计算分布图形，对于薄壁混凝土侧压力分布见图 2-1；对于大体积混凝土侧压力分布见图 2-2。

（7）新浇筑混凝土的浮托力，是由混凝土对倾斜模板的压力引起的。新浇筑混凝土对倾斜模板的压力包括振捣混凝土时产生的荷载、新浇筑混凝土的侧压力和倾倒混凝土时对模板产生的冲击荷载，这些力的方向均为垂直于模板面，其铅垂方向的分力即为倾斜模板受到的浮托力，可按式（2-3）、式（2-4）计算，并取两个计算结果中的较大值：

$$F = \cos\varphi (F_1 + F_2) \qquad (2-3)$$

$$F = \cos\varphi (F_2 + F_3) \qquad (2-4)$$

式中　F——新浇筑混凝土对倾斜模板铅直向上的浮托力，kN；

　　　F_1——振捣混凝土时对倾斜模板产生的荷载，kN；

F_2——新浇筑混凝土对倾斜模板的侧压力，kN；

F_3——倾倒混凝土时对倾斜模板产生的冲击荷载，kN；

φ——模板与水平面的夹角。

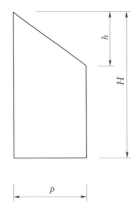
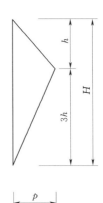

图2-1　薄壁混凝土侧压力分布图　　图2-2　大体积混凝土侧压力分布图

注：有效压头高度 $h=p/\gamma_c$（单位：m）　　注：有效压头高度 $h=p/\gamma_c$（单位：m）

（8）倾倒混凝土时对模板产生的冲击荷载，应通过实测确定。当没有实测资料时，根据模板施工规范规定，对垂直面模板产生的水平荷载标准值可按表2-1采用。

表2-1　　　　　　　　　　　　倾倒混凝土时产生的水平荷载标准值

向模板内供料方法	水平荷载/(kN/m²)	向模板内供料方法	水平荷载/(kN/m²)
溜槽、溜筒或导管	2	容量为1~3m³运输器具	8
容量为小于1m³运输器具	6	容量为大于3m³运输器具	10

倾倒混凝土时对水平模板产生的冲击荷载，目前尚没有经验数据。当混凝土罐容积较大、下料高度较高且下料速度较快时，此冲击荷载不应忽略。施工实践中，由于此冲击荷载过大而导致水平承重模板垮塌的事故时有发生。根据推导，得出计算式（2-5）为：

$$F=\frac{m\sqrt{2gH}}{T} \qquad (2-5)$$

式中　F——倾倒混凝土对水平模板的冲击力，N；

m——混凝土罐装载混凝土的质量，kg；

g——重力加速度，9.8m/s²；

H——混凝土放料口至浇筑面高度，m；

T——整罐混凝土放空所用时间，s。

式（2-5）可作为参考。倾倒混凝土时对模板产生的冲击荷载是短时的、局部的，计算时宜折减为均布恒荷载。

（9）风荷载。基本风压力与模板结构物的形状、高度和所在位置有关。可按《建筑结构荷载规范》（GB 50009）采用。

（10）混凝土与模板的黏结力。使用竖向预制混凝土模板时，如浇筑速度较低，可考虑预制混凝土模板与新浇混凝土之间的黏结力，其值列于表2-2。黏结力的计算，应按新浇混凝土与预制混凝土模板的接触面积及预计各铺层龄期，沿高度分层计算。

表 2-2　　　　　　　　　　　预制混凝土模板与新浇混凝土之间的黏结力表

混凝土龄期/h	4	8	16	24
黏结力/(kN/m²)	2.5	5.4	7.8	27.3

（11）混凝土与模板的摩阻力。设计滑动模板时需考虑，钢模板取 1.5～3.0kN/m²，调坡时取 2.0～4.0kN/m²。

2.2.3　荷载分项系数

计算模板的荷载设计值时，应采用荷载标准值乘以相应的荷载分项系数求得，荷载分项系数应按表 2-3 采用。

表 2-3　　　　　　　　　　　　　荷 载 分 项 系 数 表

项　　次	荷　载　类　别	荷载分项系数
1	模板自重	
2	新浇混凝土自重	1.2
3	钢筋自重	
4	施工人员及施工设备荷载	
5	振捣混凝土时产生的荷载	1.4
6	新浇混凝土对模板侧面的压力	1.2
7	倾倒混凝土时产生的荷载	1.4

2.3　设计荷载组合及稳定校核

计算模板的强度和刚度时，应考虑模板种类及施工具体情况，一般按表 2-4 的荷载组合（特殊荷载按可能发生的情况）进行计算。

表 2-4　　　　　　　　　　　　　常用模板的荷载组合表

模　板　类　别	荷载组合（荷载按本章 2.2.2 中的设计荷载的序号）	
	计算承载能力	验算刚度
薄板和薄壳的底模板	（1）、（2）、（3）、（4）	（1）、（2）、（3）、（4）
厚板、梁和拱的底模板	（1）、（2）、（3）、（4）、（5）	（1）、（2）、（3）、（4）、（5）
梁、拱、柱（边长不大于 300mm）、墙（厚不大于 400mm）的侧面垂直模板	（5）、（6）	（6）
大体积结构、厚板、柱（边长大于 300mm）、墙（厚大于 400mm）的垂直侧面模板	（5）、（6）、（8）	（6）、（8）
悬臂模板	（1）、（2）、（3）、（4）、（5）、（6）、（8）	（1）、（2）、（3）、（4）、（5）、（6）、（8）
隧洞衬砌模板台车	（1）、（2）、（3）、（4）、（5）、（6）、（7）	（1）、（2）、（3）、（4）、（6）、（7）

注　1．当底模板承受倾倒混凝土时产生的荷载对模板的承载能力和变形有较大影响时，应考虑荷载（8）。
　　2．滑动模板的荷载组合应按《水工建筑物滑动模板施工技术规范》（DL/T 5400）的规定执行。
　　3．验算露天模板结构的抗倾覆稳定性时，应考虑荷载（10）。

验算模板刚度时，其最大变形值不得超过下列允许值：

（1）对结构表面外露的模板，为模板构件计算跨度的 1/400。

（2）对结构表面隐蔽的模板，为模板构件计算跨度的 1/250。

（3）支架的压缩变形值或弹性挠度，为相应的结构计算跨度的 1/1000。

验算承重模板的抗倾覆稳定性，应分别计算风荷载［按现行《建筑结构荷载规范》(GB 50009—2001) 的确定］和作用于承重模板边缘 1.50kN/m 的水平力引起的倾覆力矩，均应满足抗倾覆稳定系数大于 1.4 的要求。计算稳定力矩时，模板自重应考虑折减系数 0.8。

2.4　模板材料及性能参数

普通木结构用木材，其树种的强度等级应按表 2-5 和表 2-6 采用；在正常情况下，木材的强度设计值及弹性模量，应按表 2-7 采用；在不同的使用条件下，木材的强度设计值和弹性模量尚应乘以表 2-8 规定的调整系数。如系弯曲木板用作模板，其强度计算值应按表 2-7 数值乘以降低系数 K，K 值按表 2-9 采用。钢面板及钢楞材料强度设计值及弹性模量按表 2-10 采用；覆面木胶合板抗弯强度设计值和弹性模量按表 2-11 采用；覆面竹胶合板抗弯强度设计值和弹性模量按表 2-12 采用；复合木纤维板抗弯强度设计值及弹性模量按表 2-13 采用。

表 2-5　　　　　　　　　　针叶树种木材适用的强度等级表

强度等级	组别	适　用　树　种
TC17	A	柏木、长叶松、湿地松、粗皮落叶松
	B	东北落叶松、欧洲赤松、欧洲落叶松
TC15	A	铁杉、油杉、太平洋海岸黄柏、花旗松-落叶松、西部铁杉南方松
	B	鱼鳞云杉、西南云杉、南亚松
TC13	A	油松、新疆落叶松、云南松、马尾松、扭叶松、北美落叶松海岸松
	B	红皮云杉、丽江云杉、樟子松、红松、西加云杉、俄罗斯红松、欧洲云杉、北美山地云杉、北美短叶松
TC11	A	西北云杉、新疆云杉、北美黄松、云杉-松-冷杉、铁-冷杉东部铁杉、杉木
	B	冷杉、速生杉木、速生马尾松、新西兰辐射松

表 2-6　　　　　　　　　　阔叶树种木材适用的强度等级

强度等级	适　用　树　种
TB20	青冈、椆木、门格里斯木、卡普木、沉水稍克隆、绿心木、紫心木、孪叶豆、塔特布木
TB17	栎木、达荷玛木、萨佩莱木、苦油树、毛罗藤黄
TB15	锥栗（栲木）、桦木、黄梅兰蒂、梅萨瓦木、水曲柳、红劳罗木
TB13	深红梅兰蒂、浅红梅兰蒂、白梅兰蒂、巴西红厚壳木
TB11	大叶椴、小叶椴

表 2-7						木材的强度设计值和弹性模量表			单位：N/mm²

强度等级	组别	抗弯 f_m	顺纹抗压及承压 f_c	顺纹抗拉 f_t	顺纹抗剪 f_v	横纹承压 $f_{c,90}$			弹性模量 E
						全表面	局部表面和齿面	拉力螺栓垫板下	
TC17	A	17	16	10	1.7	2.3	3.5	4.6	10000
	B		15	9.5	1.6				
TC15	A	15	13	9.0	1.6	2.1	3.1	4.2	10000
	B		12	9.0	1.5				
TC13	A	13	12	8.5	1.5	1.9	2.9	3.8	10000
	B		10	8.0	1.4				9000
TC11	A	11	10	7.5	1.4	1.8	2.7	3.6	9000
	B		10	7.0	1.2				
TB20	—	20	18	12	2.8	4.2	6.3	8.4	12000
TB17	—	17	16	11	2.4	3.8	5.7	7.6	11000
TB15	—	15	14	10	2.0	3.1	4.7	6.2	10000
TB13	—	13	12	9.0	1.4	2.4	3.6	4.8	8000
TB11	—	11	10	8.0	1.3	2.1	3.2	4.1	7000

注　1. 计算木构件端部（如接头处）的拉力螺栓垫板时，木材横纹承压强度设计值应按"局部表面和齿面"一栏的数值采用。

　　2. 木材斜纹承压的强度设计值，可按下列公式确定：

当 $\alpha \leqslant 10°$ 时，$f_{c,\alpha} = f_c$

当 $10° < \alpha \leqslant 90°$ 时，$f_{c,\alpha} = \dfrac{f_c}{1 + \left(\dfrac{f_c}{f_{c,90}}\right)\dfrac{\alpha - 10°}{80°}\sin\alpha}$

式中　$f_{c,\alpha}$——木材斜纹承压的强度设计值，N/mm²；

　　　　α——作用力方向与木纹方向的夹角，(°)。

表 2-8	不同使用条件下木材强度设计值和弹性模量的调整系数表		

使　用　条　件	调　整　系　数	
	强度设计值	弹性模量
露天环境	0.9	0.85
长期生产性高温环境，木材表面温度达 40～50℃	0.8	0.80
按恒荷载验算时	0.8	0.80
用于木构筑物时	0.9	1.00
施工和维修时的短暂情况	1.2	1.00

注　1. 当仅有恒荷载或恒荷载产生的内力超过全部荷载所产生的内力的 80% 时，应单独以恒荷载进行验算。

　　2. 当若干条件同时出现时，表列各系数应连乘。

　　3. 表 2-5～表 2-8 摘自《木结构设计规范》(GB 50005—2003)。

　　4. 若用于水下模板，弹性模量取表 2-7 数值的 70%。

表 2-9	弯曲木板强度计算值降低系数表			

ρ/a	125	150	175	200
K	0.7	0.8	0.9	1.0

注　ρ 为木板厚度；a 为木板曲率半径。摘自《水利水电工程施工组织设计手册》。

表 2 - 10		钢面板及钢楞材料强度设计值及弹性模量表		单位：N/mm²
Q235组别	抗拉、抗压和抗弯强度 f	抗剪强度 f_v	端面承压 f_{ce}	弹性模量 $/\times 10^3$
1	215	125	320	206
2	200	115	320	206
3	190	110	320	206

表 2 - 11		覆面木胶合板抗弯强度设计值和弹性模量表				单位：N/mm²	
项 目	板厚度 /mm	克隆、山樟		桦 木		板 质 材	
		平行方向	垂直方向	平行方向	垂直方向	平行方向	垂直方向
抗弯强度设计值	12	31	16	24	16	12.5	29
	15	30	21	22	17	12.0	26
	18	29	21	20	15	11.5	25
弹性模量 $/\times 10^3$	12	11.5	7.3	10	4.7	4.5	9.0
	15	11.5	7.1	10	5.0	4.2	9.0
	18	11.5	7.0	10	5.4	4.0	8.0

表 2 - 12	覆面竹胶合板抗弯强度设计值和弹性模量表		
项 目	板厚度/mm	板 的 层 数	
		3 层	5 层
抗弯强度设计值/（N/mm²）	15	37	35
弹性模量/（N/mm²）	15	10584	9898

表 2 - 13	复合木纤维板抗弯强度设计值及弹性模量表		
项 目	板厚度/mm	受 力 方 向	
		横向	纵向
抗弯强度设计值/（N/mm²）	≥12	14～16	27～33
弹性模量/（N/mm²）	≥12	6.0×10^3	6.0×10^3
垂直表面抗拉强度设计值/（N/mm²）	≥12	＞1.8	＞1.8

2.5 钢悬臂模板结构设计示例

（1）模板结构：钢悬臂模板结构见图 2 - 3。

（2）使用条件：浇筑混凝土运输器具为大于 3m³ 的混凝土罐，混凝土浇筑温度为 10℃，浇筑速度为 0.5m/h。

（3）计算规定：

1）按照《水利水电工程模板施工规范》（DL/T 5110—2013）的有关规定，但荷载设

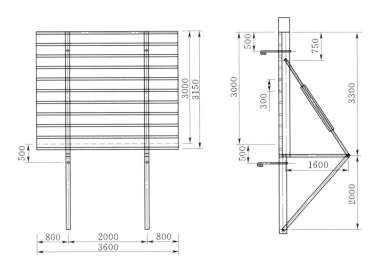

图 2-3 钢悬臂模板结构简图（单位：mm）

计值不进行折减。

2）模板自重和施工人员及机具设备重力，简化为对桁架内力不起作用，只增加支座反力。

（4）荷载计算：钢悬臂模板荷载组合见表 2-14。

表 2-14　　　　　　　　　　　　　钢悬臂模板荷载组合表

荷载序号	荷载名称	荷载标准/(kN/m²)	荷载分项系数	荷载设计值/(kN/m²)	备　　注
1	模板自身重力	按构件选用的材料计算	1.2		验算预埋锚筋考虑
2	施工人员及机具设备重力	1.0	1.4	1.4	作用于操作平台，验算预埋锚筋考虑
3	振捣混凝土产生的荷载	4.0	1.4	5.6	作用于有效压头高度内
4	新浇混凝土的侧压力	计算求出	1.2		
5	倾倒混凝土时产生的荷载	10	1.4	14	作用于有效压头高度内，与荷载3不同时发生，此处荷载3小于荷载5，故不再计入荷载3

混凝土最大侧压力按式（2-6）计算（按混凝土施工时最不利情况考虑）：

$$p = 0.22\gamma_c t_0 \beta_1 \beta_2 v^{1/2} \qquad (2-6)$$

式中　p——混凝土侧压力，kN/m^2；

　　　γ_c——混凝土的容重，取 $24kN/m^3$；

　　　t_0——新浇筑混凝土的初凝时间，取 8h；

　　　v——混凝土的浇筑速度，取 0.5m/h；

　　　β_1——外加剂影响修正系数，不掺外加剂，取 1.0；

β_2——混凝土坍落度影响修正系数，取 1.0。

将上述数值代入式（2-6）得：
$$p=0.22\times24\times8\times1.0\times1.0\times0.5^{1/2}=29.87\text{kN/m}^2$$

则有效压头高度 $h=p/\gamma_c=29.87/24=1.24\text{m}$。

混凝土侧压力见图 2-4。

混凝土最大侧压力值为 $29.87\times1.2=35.84\text{kN/m}^2$。

模板承受最大水平荷载为混凝土最大侧压力与倾倒混凝土产生的荷载之和，即为 $35.84+14=49.84\text{kN/m}^2$。

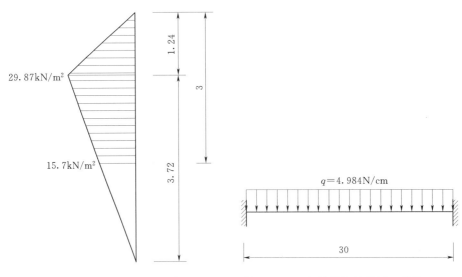

图 2-4　混凝土侧压力图（单位：m）　　图 2-5　面板结构计算简图（单位：cm）

（5）验算构件、选择材料。

1）面板。在混凝土浇筑过程中，模板从底部至高 1.76m 处先后均承受过 49.84kN/m^2 的最大水平荷载。将面板简化为跨度 30cm、两端固定的板，取宽 1cm 面板，面板结构计算见图 2-5。

计算结果：

最大弯矩 $M_{\max}=ql^2/24=4.984\times30^2/24=186.9\text{N}\cdot\text{cm}=1869\text{N}\cdot\text{mm}$

最大挠度 $f_{\max}=4.984\times30^4/384EI$

面板选用厚 5mm 的钢板，材质为 Q235，弹性模量 $E=2.06\times10^5\text{N/mm}^2$，抗拉、抗压和抗弯强度设计值 $f=190\text{N/mm}^2$，截面惯性矩 $I=bh^3/12=10\times5^3/12$，截面抵抗矩 $W=bh^2/6=10\times5^2/6$，则：

$$\sigma_{\max}=M_{\max}/W=1869/(10\times5^2/6)=44.86\text{N/mm}^2<f=190\text{N/mm}^2$$

$$f_{\max}=ql^4/384EI=(4.984/10)\times300^4\times12/(384\times2.06\times10^5\times10\times5^3)=0.49\text{mm}<允许挠度值=l/400=300/400=0.75\text{mm}$$

所选材料可用：

2）面板横肋。每根横肋承受 30cm 高面板传递的水平荷载，按均布 $q=4.984\times30=$

$149.5\text{N/cm}=14.95\text{N/mm}$。计算跨度 $l=2000\text{mm}$，其结构计算见图 $2-6$。

$$M_{\max}=ql^2(1-4\lambda^2)/8=149.5\times200^2\times[1-4\times(0.8/2)^2]/8$$
$$=269100\text{N}\cdot\text{cm}=2691000\text{N}\cdot\text{mm}$$
$$f_{\max}=ql^4(5-24\lambda^2)/384EI$$

选用 $80\text{mm}\times60\text{mm}\times5.0\text{mm}$ 冷弯矩形空心型钢，牌号 Q235，长方向与面板垂直，面板与横肋关系见图 $2-7$。查材料手册（以下同）截面积 $A=12.356\text{cm}^2=1235.6\text{mm}^2$，截面惯性矩 $I_x=103.247\text{cm}^4=103.247\times10^4\text{mm}^4$，截面抵抗矩 $W_x=25.811\text{cm}^3=25811\text{mm}^3$。

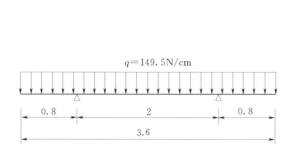

图 $2-6$　面板横肋结构计算简图（单位：m）　　　图 $2-7$　面板与横肋关系图（侧视）

A. 计算结果：

$$\sigma_{\max}=M_{\max}/W_x=2691000/25811=104.26\text{N/mm}^2<f=215\text{N/mm}^2$$
$$f_{\max}=14.95\times2000^4\times(5-24\times0.4^2)/(384\times2.06\times10^5\times103.247\times10^4)$$
$$=3.4\text{mm}<允许挠度值=l/400=2000/400=5\text{mm}$$

所选材料可用。

3）模板支撑桁架。每榀桁架承受 1.8m 宽度的水平荷载，由模板横肋以集中荷载传递，其结构计算见图 $2-8$。

$P_1\sim P_{11}$ 为各根横肋传递给支撑桁架的集中荷载，根据横肋的布置（见图 $2-3$）及混凝土侧压力图形（见图 $2-4$）计算 $P_1\sim P_{11}$，计算结果如下：

$$P_1=4.37\text{kN}$$
$$P_2=12.24\text{kN}$$
$$P_3=16.92\text{kN}$$
$$P_4=21.60\text{kN}$$
$$P_5=23.08\text{kN}$$
$$P_6=17.75\text{kN}$$
$$P_7=15.90\text{kN}$$
$$P_8=14.05\text{kN}$$
$$P_9=12.20\text{kN}$$
$$P_{10}=10.35\text{kN}$$
$$P_{11}=4.48\text{kN}$$

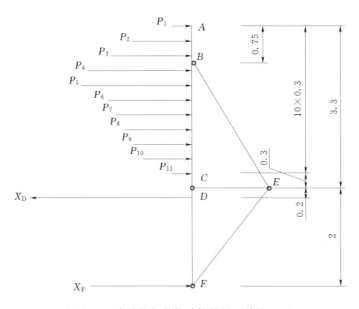

图 2-8　支撑桁架结构计算简图（单位：m）

B. 支座反力：

$$X_D = 330.17kN$$

$$X_F = 177.23kN$$

C. 二力杆杆件内力：

$$N_{BE} = 212.82kN（压）$$

$$N_{CE} = 257.34kN（拉）$$

$$N_{EF} = 230.85kN（压）$$

AC 杆轴力见图 2-9，AC 杆弯矩见图 2-10，AC 杆剪力见图 2-11。

CF 杆轴力见图 2-12，CF 杆弯矩见图 2-13，CF 杆剪力见图 2-14。

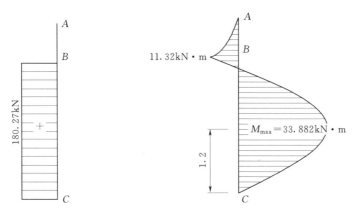

图 2-9　AC 杆轴力图　　　图 2-10　AC 杆弯矩图（单位：m）

各杆件材料选择：

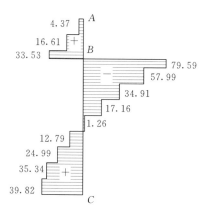

图 2-11 AC 杆剪力图（单位：kN）

图 2-12 CF 杆轴力图（单位：kN）

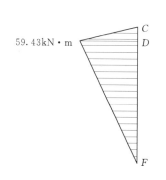

图 2-13 CF 杆弯矩图（单位：kN）

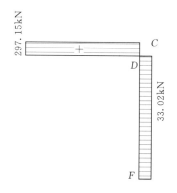

图 2-14 CF 杆剪力图（单位：kN）

①BE 杆：为压杆，长度为 $[(3.3-0.75)^2+1.6^2]^{1/2}=3.01$m。选用 $\phi56$mm 圆钢（牌号 BL₃，屈服点 $\sigma_s\geq235$N/mm²）加工丝杠，采用 $\phi70$mm×13mm 热轧无缝钢管（牌号 20 号钢，屈服点 $\sigma_s\geq245$N/mm²）加工套筒。分别以 BE 杆的全长验算 $\phi56$mm 圆钢和 $\phi70$mm 的钢管的稳定：

$\phi56$mm 圆钢加工丝杠后净直径为 45mm，长细比 $\lambda=3010/45=66.9$，查《钢结构设计规范》（GB 50017—2003）附录 C，稳定系数 $\varphi=0.854$，则：

$$N/\varphi A=212820/(0.854\pi\times45^2/4)=157\text{N/mm}^2<f=200\text{N/mm}^2$$

$\phi70$mm×13mm 热轧无缝钢管加工内螺纹后，净壁厚为 $(70-56)/2=7$mm，净截面积 $A=\pi(70^2-56^2)/4=1385$mm²，长细比 $\lambda=3010/70=43$，查表得稳定系数 $\varphi=0.934$，则：

$$N/\varphi A=212820/(0.934\times1385)=164.5\text{N/mm}^2<f=200\text{N/mm}^2$$

所选材料可用。

②CE 杆：为拉杆。选用两根 80mm×40mm×3.0mm 冷弯矩形空心型钢（牌号 Q235），截面积 $A=2\times6.608=13.216$cm²$=1321.6$mm²，则：

$$\sigma_1=257340/1321.6=195\text{N/mm}^2<f=215\text{N/mm}^2$$

所选材料可用。

③EF杆：为压杆，杆长为 $(2^2+1.6^2)^{1/2}=2.56$m。选用两根 80mm×40mm×3.0mm 冷弯矩形空心型钢（牌号 Q235），截面积 $A=2×6.608=13.216$cm²$=1321.6$mm²。$\lambda=256/8=32$，查表得 $\varphi=0.959$，则：

$$N/\varphi A=230850/(0.959×1321.6)=182\text{N/mm}^2<f=215\text{N/mm}^2$$

所选材料可用。

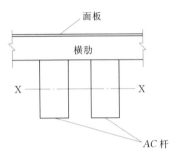

图 2-15 AC 杆与横肋、面板
关系图（俯视）

④AC 杆：为拉弯杆。选用两根 200mm×100mm× 8.0mm 冷弯矩形空心型钢（牌号 Q235），截面长方向与面板垂直，见图 2-15。

$A=87.582$cm²，$I_x=4291.986$cm⁴，$W_x=429.198$cm³，则：

$$\sigma_{w\max}=33.882\text{kN·m}/429.198\text{cm}^3=78.9\text{N/mm}^2$$
$$\sigma_1=180.27\text{kN}/87.582\text{cm}^2=20.6\text{N/mm}^2$$
$$\sigma_{w\max}+\sigma_1=78.9+20.6=95.5\text{N/mm}^2<f=215\text{N/mm}^2$$
$$\tau_{\max}=79.59\text{kN}/87.582\text{cm}^2=9.1\text{N/mm}^2<f_v=125\text{N/mm}^2$$

采用虚梁法计算挠度：

$$f_A=0.2\text{cm}<l/1000=0.26\text{cm}$$

最大弯矩处挠度为 0.25cm$<l/1000=0.26$cm。

所选材料可用。

⑤CF 杆：为拉弯杆。选用两根 200mm×100mm×6.0mm 冷弯矩形空心型钢（牌号 Q235），截面长方向与 AC 杆一致。

$A=67.264$cm²，$I_x=3406.448$cm⁴，$W_x=340.664$cm²，则：

$$\sigma_{w\max}=54.93\text{kN·m}/340.644\text{cm}^3=174\text{N/mm}^2$$
$$\sigma_1=180.27\text{kN}/67.264\text{cm}^2=27.0\text{N/mm}^2$$
$$\sigma_{w\max}+\sigma_1=174+27.0=201\text{N/mm}^2<f$$
$$=215\text{N/mm}^2$$
$$\tau_{\max}=297.15\text{kN}/67.264\text{cm}^2=44.0\text{N/mm}^2<f_v$$
$$=125\text{N/mm}^2$$

所选材料可用。

4）预埋锚筋。根据上述所选材料，在计入连接件质量（按杆件总重的 10% 估算）及两层操作平台重量（按 4kN 估算），计算模板自重为 23.14kN，模板重心位于面板背后距面板表面 35cm 处。模板自重设计荷载值$=23.14×1.2=27.77$kN，取为 28kN。

计算由模板自重及人员设备荷载支座反力计算见图 2-16。

计算结果：$X_D=8.11$kN；$Y_D=36$kN。

计算预埋锚筋：承受总拉力为 $330.17+8.11=$

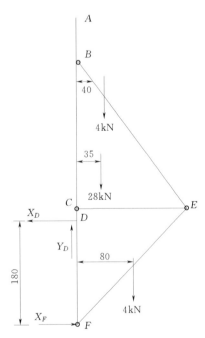

图 2-16 模板自重及人员设备荷载支座
反力计算简图（单位：cm）

338.28kN，承受剪力为 36kN。选用 ϕ32 高强精轧螺纹钢筋，屈服点 $\sigma_s = 735\text{N/mm}^2$，抗拉强度设计值 $f = $ 屈服点/材料分项系数 $= 735/1.2 = 612\text{N/mm}^2$，抗剪强度设计值 $f_v \approx 612 \times 0.55 = 337\text{N/mm}^2$，$A = 8.04\text{cm}^2$，则：

$$\sigma_1 = 338280/804 = 421\text{N/mm}^2 < f = 612\text{N/mm}^2$$

$$\tau = 36000/804 = 45\text{N/mm}^2 < f_v \approx 337\text{N/mm}^2$$

所选材料可用。

3 常 用 模 板

3.1 标准模板

3.1.1 分类

标准模板是指模板材料、单块模板规格和允许偏差符合国家现行有效标准的模板。目前水工混凝土常用的标准模板按面板材料进行分类，主要包括：钢模板、胶合板模板、竹编胶合板模板。

3.1.2 材料性质

（1）钢模板宜采用 Q235 钢材，其质量应符合《碳素结构钢》（GB/T 700）的有关规定。

（2）当采用胶合板模板时，其质量应符合《混凝土模板用胶合板标准》（GB/T 17656）的有关规定。

（3）当采用竹编胶合板模板时，其质量应符合《竹编胶合板》（GB/T 13123）有关规定。

3.1.3 规格尺寸

（1）钢模板。钢模板采用 Q235 钢材制成，钢板厚度 2.5mm，对于不小于 400mm 宽面钢模板的钢板厚度应采用 2.75mm 或 3.0mm。钢模板包括平面模板、阴角模板、阳角模板、连接角模等通用模板和倒棱模板、梁腋模板、柔性模板、双曲可调模板、角可调模板及嵌补模板等专用模板。

1）平面模板用于基础、墙体、梁、柱和板等各种结构的平面部位。

2）阴角模板用于墙体和各种构件的内角及凹角的转角部位。

3）阳角模板用于柱、梁及墙体等外角及凸角的转角部位。

4）连接角模用于柱、梁及墙体等外角及凸角的转角部位。

5）倒棱模板用于柱、梁及墙体等阳角的倒棱部位。倒棱模板有角棱模板和圆棱模板。

6）梁腋模板用于暗渠、明渠、沉箱及高架结构等梁腋部位。

7）柔性模板用于圆形筒壁、曲筒壁、曲面墙体等结构部位。

8）双曲可调模板用于构筑物曲面部位。

9）角可调模板用于展开面为扇形或梯形的构筑物的结构部位。

10）嵌补模板用于梁、板、墙、柱等结构的接头部位。

钢模板规格代号应符合表 3-1 的要求，其规格尺寸允许偏差应符合表 3-2 的要求。

表3-1

钢模板规格代号表

单位：mm

模板名称	宽度	450 代号	450 尺寸	600 代号	600 尺寸	750 代号	750 尺寸	900 代号	900 尺寸	1200 代号	1200 尺寸	1500 代号	1500 尺寸	1800 代号	1800 尺寸
平面模板	600	P6004	600×450	P6006	600×600	P6007	600×750	P6009	600×900	P6012	600×1200	P6015	600×1500	P6018	600×1800
	550	P5504	550×450	P5506	550×600	P5507	550×750	P5509	550×900	P5512	550×1200	P5515	550×1500	P5518	550×1800
	500	P5004	500×450	P5006	500×600	P5007	500×750	P5009	500×900	P5012	500×1200	P5015	500×1500	P5018	500×1800
	450	P4504	450×450	P4506	450×600	P4507	450×750	P4509	450×900	P4512	450×1200	P4515	450×1500	P4518	450×1800
	400	P4004	400×450	P4006	400×600	P4007	400×750	P4009	400×900	P4012	400×1200	P4015	400×1500	P4018	400×1800
	350	P3504	350×450	P3506	350×600	P3507	350×750	P3509	350×900	P3512	350×1200	P3515	350×1500	P3518	350×1800
	300	P3004	300×450	P3006	300×600	P3007	300×750	P3009	300×900	P3012	300×1200	P3015	300×1500	P3018	300×1800
	250	P2504	250×450	P2506	250×600	P2507	250×750	P2509	250×900	P2512	250×1200	P2515	250×1500	P2518	250×1800
	200	P2004	200×450	P2006	200×600	P2007	200×750	P2009	200×900	P2012	200×1200	P2015	200×1500	P2018	200×1800
	150	P1504	150×450	P1506	150×600	P1507	150×750	P1509	150×900	P1512	150×1200	P1515	150×1500	P1518	150×1800
	100	P1004	100×450	P1006	100×600	P1007	100×750	P1009	100×900	P1012	100×1200	P1015	100×1500	P1018	100×1800
阴角模板（代号E）		E1504	150×150×450	E1506	150×150×600	E1507	150×150×750	E1509	150×150×900	E1512	150×150×1200	E1515	150×150×1500	E1518	150×150×1800
		E1004	100×150×450	E1006	100×150×600	E1007	100×150×750	E1009	100×150×900	E1012	100×150×1200	E1015	100×150×1500	E1018	100×150×1800
阳角模板（代号Y）		Y1004	100×100×450	Y1006	100×100×600	Y1007	100×100×750	Y1009	100×100×900	Y1012	100×100×1200	Y1015	100×100×1500	Y1018	100×100×1800
		Y0504	50×50×450	Y0506	50×50×600	Y0507	50×50×750	Y0509	50×50×900	Y0512	50×50×1200	Y0515	50×50×1500	Y0518	50×50×1800

模板名称		450 代号	450 尺寸	600 代号	600 尺寸	750 代号	750 尺寸	900 代号	900 尺寸	1200 代号	1200 尺寸	1500 代号	1500 尺寸	1800 代号	1800 尺寸
连接角模（代号 J）		J1004	50×50×450	J1006	50×50×600	J1007	50×50×750	J1009	50×50×900	J1012	50×50×1200	J1015	50×50×1500	J1018	50×50×1800
倒棱模板	角棱模板	JL1704	17×450	JL1706	17×600	JL1707	17×750	JL1709	17×900	JL1712	17×1200	JL1715	17×1500	JL1718	17×1800
		JL4504	45×450	JL4506	45×600	JL4507	45×750	JL4509	45×900	JL4512	45×1200	JL4515	45×1500	JL4518	45×1800
	圆棱模板	YL2004	20×450	YL2006	20×600	YL2007	20×750	YL2009	20×900	YL2012	20×1200	YL2015	20×1500	YL2018	20×1800
		YL3504	35×450	YL3506	35×600	YL3507	35×750	YL3509	35×900	YL3512	35×1200	YL3515	35×1500	YL3518	35×1800
梁腋模板（代号 IY）		IY1004	100×50×450	IY1006	100×50×600	IY1007	100×50×750	IY1009	100×50×900	IY1012	100×50×1200	IY1015	100×50×1500	IY1018	100×50×1800
		IY1504	150×50×450	IY1506	150×50×600	IY1507	150×50×750	IY1509	150×50×900	IY1512	150×50×1200	IY1515	150×50×1500	IY1518	150×50×1800
柔性模板（代号 Z）		Z1004	100×450	Z1006	100×600	Z1007	100×750	Z1009	100×900	Z1012	100×1200	Z1015	100×1500	Z1018	100×1800
搭接模板（代号 D）		D7504	100×450	D7506	100×600	D7507	100×750	D7509	100×900	D7512	100×1200	D7515	100×1500	D7518	100×1800
双曲可调模板（代号 T）		—		T3006	300×600	—		T3009	300×900	—		T3015	300×1500	T3018	300×1800
		—		T2006	200×600	—		T2009	200×900	—		T2015	200×1500	T2018	200×1800
角度可调模板（代号 B）		—		B2006	200×600	—		B2009	200×900	—		B2015	200×1500	B2018	200×1800
		—		B1606	160×600	—		B1609	160×900	—		B1615	160×1500	B1618	160×1800

表 3-2　　　　　　　　　　　钢模板规格尺寸允许偏差表　　　　　　　　　　单位：mm

项　目	要　求　尺　寸	允　许　偏　差
长度	L	0～－1.0
宽度	B	0～－0.8
肋高	55	±0.5

（2）胶合板模板。混凝土模板用胶合板规格尺寸应符合表 3-3 的要求。对于符合模数的板，其长度和宽度公差为 0～－3mm；对于不符合模数的板，其长度和宽度公差为±2mm。

表 3-3　　　　　　　　　　　　胶合板模板规格尺寸表　　　　　　　　　　　单位：mm

幅　面　尺　寸				厚　度
模数制		非模数制		
宽度	长度	宽度	长度	
—	—	915	1830	≥12～<15 ≥15～<18 ≥18～<21 ≥21～<24
900	1800	1220	1830	
1000	2000	915	2135	
1200	2400	1220	2440	
—	—	1250	2600	

注　其他规格尺寸由供需双方协议。

表 3-4　　　　　　　　　　　胶合板模板厚度允许偏差表　　　　　　　　　单位：mm

公　称　厚　度	厚度允许偏差	每张板内厚度允许偏差
≥12～<15	±0.5	0.8
≥15～<18	±0.6	1.0
≥18～<21	±0.7	1.2
≥21～<24	±0.8	1.4

胶合板模板的厚度允许偏差应符合表 3-4 的要求。胶合板模板的垂直度不得超过 0.8mm/m，胶合板模板的四周边缘垂直度不得超过 1mm/m，胶合板模板的翘曲度 A 等品不得超过 0.5％，B 等品不得超过 1％。

竹编胶合板模板。竹编胶合板模板规格尺寸及允许偏差应符合表 3-5 的要求，厚度及允许偏差应符合表 3-6 的要求，覆面竹编胶合板模板厚度及允许偏差应符合表 3-7 的要求。翘曲度按照优等品、一等品、合格品分别不超过 0.5％、1％和 2％。

表 3-5　　　　　　　　　竹编胶合板模板规格尺寸及允许偏差表　　　　　　单位：mm

长　度	偏差	宽　度	偏差
1830	+5	915	+5
2135		1000	
2135		915	
2440		1220	

注　对特殊要求的板，经协议其规格可以不受上述限制。

表 3 - 6	竹编胶合板模板厚度及允许偏差表	单位：mm
厚　度	厚度允许偏差	每张板内厚度允许偏差
2～6	+0.5 -0.6	0.9
>6～11	+0.8 -1.0	1.2
>11～19	+1.2 -1.5	1.5
>19	±1.5	1.6

注　1. 竹编胶合板厚度一般为 2mm、3mm、4mm、5mm、6mm、7mm、9mm、11mm、13mm、15mm 等。

　　2. 经供需双方协议可以生产其他厚度的竹编胶合板。

表 3 - 7	覆面竹编胶合板模板厚度及允许偏差表	单位：mm
厚　度	厚度允许偏差	每张板内厚度允许偏差
2～6	±0.3	0.5
>6～11	±0.5	1.0
>11～19	±1.0	1.5
>19	±1.0	2.0

注　1. 覆面竹编胶合板厚度一般为 2mm、3mm、4mm、5mm、6mm、7mm、9mm、11mm、13mm、15mm 等。

　　2. 经供需双方协议可以生产其他厚度的覆面竹编胶合板。

3.1.4　模板支架

水电工程中，特别是近年来的水电站厂房施工中，较以前更多地采用不装修混凝土或镜面混凝土，其模板支架也越来越多地采用建筑工程中的快速、成套模板支架。

模板支架的设计和施工应符合《水电水利工程模板施工规范》（DL/T 5110）及《建筑施工模板安全技术规范》（JGJ 162）的规定。常见的模板支架有扣件式模板支架、碗扣式模板支架、门式模板支架及承插型盘扣式模板支架。

（1）扣件式模板支架。扣件式模板支架的主要构、配件为扣件和钢管，底部可配可调底座，顶部可配可调托座。扣件按结构型式分为四种：直角扣件、旋转扣件、对接扣件和底座，见图 3-1～图 3-4。

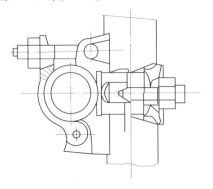

图 3-1　直角扣件示意图及实物图

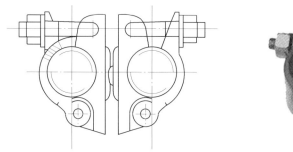

图 3-2　旋转扣件示意图及实物图

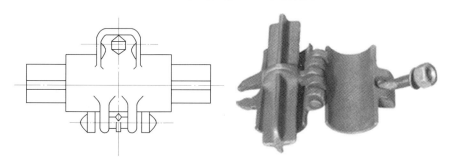

图 3-3　对接扣件示意图及实物图

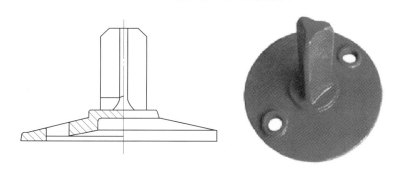

图 3-4　底座示意图及实物图

扣件用可锻铸铁或铸钢制作，其质量和性能应符合《钢管脚手架扣件》（GB 15831—2006）的规定。扣件在螺栓拧紧扭力矩达 65N·m 时，不得发生破坏。

常用（ϕ48mm 钢管支架）单个直角扣件、旋转扣件、对接扣件的自重分别为：13.2N、14.6N、18.4N。

钢管应采用《直缝电焊钢管》（GB/T 13793—2008）或《低压流体输送用焊接钢管》（GB/T 3091—2001）中规定的 Q235 普通钢管；钢管的钢材质量应符合《碳素结构钢》（GB/T 700—2006）中规定的 Q235 级钢管。

模板支架宜采用钢管的规格为 ϕ48.3mm（钢管外径）×3.6mm（钢管壁厚）。每根钢管的最大质量不应大于 25.8kg。

ϕ48mm（钢管外径）×3.5mm（钢管壁厚）钢管和 ϕ51mm（钢管外径）×3.0mm（钢管壁厚）钢管每米质量分别为 3.84kg/m、3.55kg/m。

新旧扣件、新旧钢管的检查、验收以及模板支架的搭设应符合《建筑施工扣件式钢管脚手架安全技术规范》（JGJ 130—2011）的规定。

（2）碗扣式模板支架。碗扣式模板支架因其节点形似碗扣而得名，其节点由上碗扣、下碗扣、立杆、横杆、横杆接头和上碗扣限位销组成，碗扣节点构成见图3-5、碗扣式模板支架实物见图3-6。

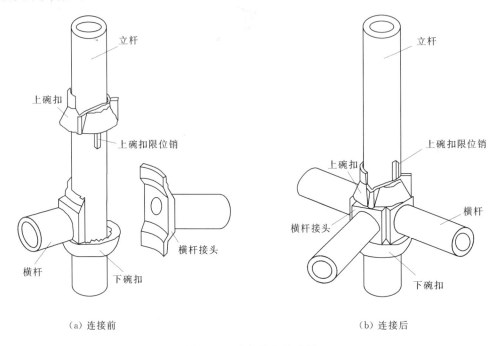

（a）连接前   （b）连接后

图3-5　碗扣节点构成图

图3-6　碗扣式模板支架实物图

碗扣式模板支架主要构、配件种类及规格见表 3-8。

表 3-8 碗扣式模板支架主要构、配件种类及规格表

名　　称	规格	型　号	市场重量/kg
立杆/ (mm×mm×mm)	φ48×3.5×1200	LG-120	7.41
	φ48×3.5×1800	LG-180	10.67
	φ48×3.5×2400	LG-240	14.02
	φ48×3.5×3000	LG-300	17.31
横杆/ (mm×mm×mm)	φ48×3.5×300	HG-30	1.67
	φ48×3.5×600	HG-60	2.82
	φ48×3.5×900	HG-90	3.97
	φ48×3.5×1200	HG-120	5.12
	φ48×3.5×1500	HG-150	6.28
	φ48×3.5×1800	HG-180	7.43
间横杆/ (mm×mm×mm)	φ48×3.5×900	JHG-90	5.28
	φ48×3.5×1200	JHG-120	6.43
	φ48×3.5×(1200+300)	JHG-120+30	7.74
	φ48×3.5×(1200+600)	JHG-120+60	9.69
水平斜杆/ (mm×mm×mm)	φ48×3.5×150	XG-0912	7.11
	φ48×3.5×170	XG-1212	7.87
	φ48×3.5×2160	XG-1218	9.66
	φ48×3.5×2340	XG-1518	10.34
	φ48×3.5×2550	XG-1818	11.13
专用斜杆/ (mm×mm×mm)	φ48×3.5×1270	ZXG-0912	
	φ48×3.5×1500	ZXG-1212	
	φ48×3.5×1920	ZXG-1218	
十字撑/ (mm×mm×mm)	φ30×2.5×1390	XZC-0912	
	φ30×2.5×1560	XZC-1212	
	φ30×2.5×2060	XZC-1218	
窄挑梁/mm	宽度300	TL-30	1.68
宽挑梁/mm	宽度600	TL-60	9.30
立杆连接销/mm	φ12	LLX	
可调底座/mm	可调范围不大于300	KTZ-45	
	可调范围不大于450	KTZ-60	
	可调范围不大于600	KTZ-75	
可调托座/mm	可调范围不大于300	KTC-45	
	可调范围不大于450	KTC-60	
	可调范围不大于600	KTC-75	
脚手板/ (mm×mm)	1200×270	JB-120	
	1500×270	JB-150	
	1800×270	JB-180	
架梯/(mm×mm)	2546×530	JT-255	

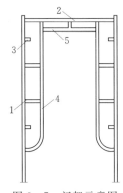

图3-7 门架示意图
1—立杆；2—横杆；3—锁销；
4—立杆加强杆；5—横杆
加强杆

碗扣式模板支架所用钢管应采用符合《直缝电焊钢管》（GB/T 13793—2008）或《低压流体输送用焊接钢管》（GB/T 3091—2008）中的Q235A级普通钢管，其材质性能应符合《碳素结构钢》（GB/T 700—2006）的规定。钢管规格为φ48mm×3.5mm，钢管壁厚不得小于3.5−0.025mm。其他要求详见《建筑施工碗扣式钢管脚手架安全技术规范》（JGJ 166—2008）。

（3）门式模板支架。门式模板支架因其主要构件形似门型而得名，门架见图3-7。

门式模板支架与门式脚手架相似，但搭设要求要高于门式脚手架，且其顶部不是供施工人员通行的通道，而是供立模板而架设的可调托座。

门式脚手架是以门架、交叉支撑、连接棒、挂扣式脚手板、锁臂、底座等组成基本结

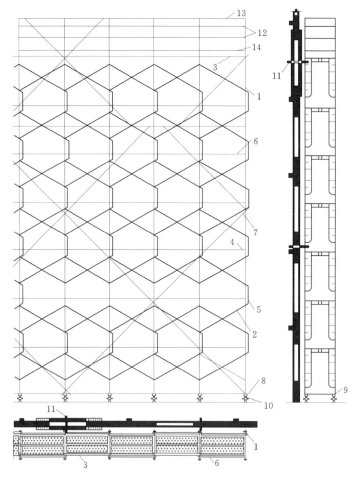

图3-8 门式脚手架的组成示意图

1—门架；2—交叉支撑；3—挂扣式脚手板；4—连接棒；5—锁臂；6—水平加固杆；7—剪刀撑；
8—纵向扫地杆；9—横向扫地杆；10—底座；11—连墙件；12—栏杆；13—扶手；14—挡脚板

构，再以水平加固杆、剪刀撑、横向扫地杆，并采用连墙件与建筑物主体结构相连的一种定型化钢管脚手架。其组成见图 3-8。

门式脚手架已形成了几个固定的系列，有 MF1219、MF0817、MF1017 等。MF1219 系列门架的几何尺寸及杆件的规格见表 3-9。

表 3-9　　　　　　　　　　　　　**MF1219 系列门架的几何尺寸及杆件的规格表**

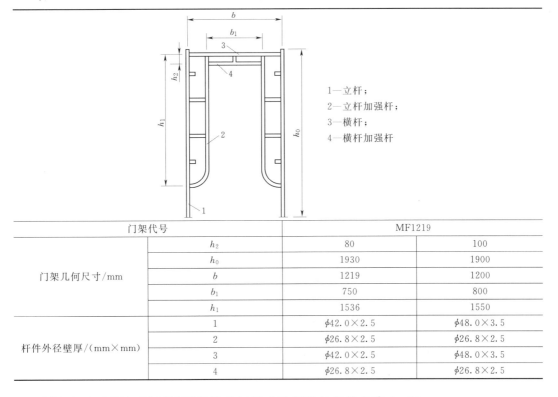

1—立杆；
2—立杆加强杆；
3—横杆；
4—横杆加强杆

门架代号		MF1219	
门架几何尺寸/mm	h_2	80	100
	h_0	1930	1900
	b	1219	1200
	b_1	750	800
	h_1	1536	1550
杆件外径壁厚/(mm×mm)	1	$\phi42.0\times2.5$	$\phi48.0\times3.5$
	2	$\phi26.8\times2.5$	$\phi26.8\times2.5$
	3	$\phi42.0\times2.5$	$\phi48.0\times3.5$
	4	$\phi26.8\times2.5$	$\phi26.8\times2.5$

MF0817、MF1017 系列门架的几何尺寸及杆件的规格见表 3-10。

表 3-10　　　　　　　　　　**MF0817、MF1017 系列门架的几何尺寸及杆件的规格**

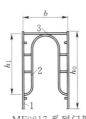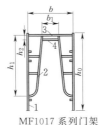

MF0817 系列门架　　　MF1017 系列门架

1—立杆；
2—立杆加强杆；
3—横杆；
4—横杆加强杆

门架代号		MF0817	MF1017
门架几何尺寸/mm	h_2	—	114
	h_0	1750	1750
	b	758	1018
	b_1	510	402
	h_1	1260	1290

门架代号		MF0817	MF1017
杆件外径壁厚/(mm×mm)	1	$\phi42.0\times2.5$	
	2	$\phi26.8\times2.2$	
	3	$\phi42.0\times2.5$	
	4	$\phi26.8\times2.2$	

搭设门式架所用扣件规格和重量见表 3-11。

表 3-11　　　　　　　　搭设门式架所用扣件规格及重量一览表

规　格		重量（标准值）/(kN/个)
直角扣件	GKZ48、GKZ48/42、GKZ42	0.0135
旋转扣件	GKU48、GKU48/42、GKU42	0.0145

MF1219 系列门架、配件的重量见表 3-12。

表 3-12　　　　　　　　MF1219 系列门架、配件的重量一览表

名　称	单　位	代　号	重量（标准值）/kN
门架（$\phi42$mm）	榀	MF1219	0.224
门架（$\phi42$mm）	榀	MF1217	0.205
门架（$\phi48$mm）	榀	MF1219	0.270
交叉支撑	副	G1812	0.040
脚手板	块	P1805	0.184
连接棒	个	J220	0.006
锁臂	副	L700	0.0085
固定底座	个	FS100	0.010
可调底座	个	AS400	0.035
可调托座	个	AU400	0.045
梯形架	榀	LF1212	0.133
承托架	榀	BF617	0.209
梯子	副	S1819	0.272

MF0817、MF1017 系列门架、配件的重量见表 3-13。

表 3-13　　　　　　MF0817、MF1017 系列门架、配件的重量一览表

名　称	单　位	代　号	重量（标准值）/kN
门架	榀	MF0817	0.153
门架	榀	MF1017	0.165
交叉支撑	副	G1812、G1512	0.040
脚手板	块	P1806、P1804、P1803	0.195、0.168、0.148
连接棒	个	J220	0.006
安全插销	个	C080	0.001

名　称	单　位	代　号	重量（标准值）/kN
固定底座	个	FS100	0.010
可调底座	个	AS400	0.035
可调托座	个	AU400	0.045
梯形架	榀	LF1012、LF1009、LF1006	11.1、9.60、8.20
三角托	个	T0404	0.209
梯子	副	S1817	0.250

门式模板支架的搭设应符合现行建筑行业标准《建筑施工门式钢管脚手架安全技术规范》（JGJ 128）的有关规定。

（4）承插型盘扣式模板支架。承插型盘扣式模板支架典型节点见图 3-9。

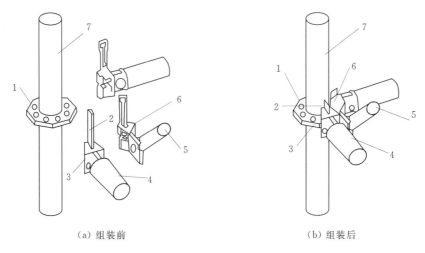

（a）组装前　　　　　　　　　（b）组装后

图 3-9　承插型盘扣式模板支架典型节点图

1—连接盘；2—插销；3—水平杆杆端扣接头；4—水平杆；5—斜杆；6—斜杆杆端扣接头；7—立杆

承插型盘扣式模板支架实物见图 3-10。

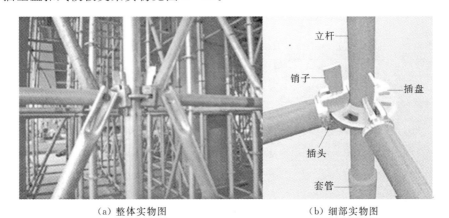

（a）整体实物图　　　　　　　　　（b）细部实物图

图 3-10　承插型盘扣式模板支架实物图

承插型盘扣式钢管模板支架主要构配件种类及规格见表 3-14。

表 3-14　　　　承插型盘扣式钢管模板支架主要构配件种类及规格一览表

名称	型　号	规格/(mm×mm×mm)	材　质	理论重量/kg
立杆	A-LG-500	ϕ60×3.2×500	Q345A	3.75
	A-LG-1000	ϕ60×3.2×1000	Q345A	6.65
	A-LG-1500	ϕ60×3.2×1500	Q345A	9.60
	A-LG-2000	ϕ60×3.2×2000	Q345A	12.50
	A-LG-2500	ϕ60×3.2×2500	Q345A	15.50
	A-LG-3000	ϕ60×3.2×3000	Q345A	18.40
	B-LG-500	ϕ48×3.2×500	Q345A	2.95
	B-LG-1000	ϕ48×3.2×1000	Q345A	5.30
	B-LG-1500	ϕ48×3.2×1500	Q345A	7.64
	B-LG-2000	ϕ48×3.2×2000	Q345A	9.90
	B-LG-2500	ϕ48×3.2×2500	Q345A	12.30
	B-LG-3000	ϕ48×3.2×3000	Q345A	14.65
水平杆	A-SG-300	ϕ48×2.5×240	Q235B	1.40
	A-SG-600	ϕ48×2.5×540	Q235B	2.30
	A-SG-900	ϕ48×2.5×840	Q235B	3.20
	A-SG-1200	ϕ48×2.5×1140	Q235B	4.10
	A-SG-1500	ϕ48×2.5×1440	Q235B	5.00
	A-SG-1800	ϕ48×2.5×1740	Q235B	5.90
	A-SG-2000	ϕ48×2.5×1940	Q235B	6.50
	B-SG-300	ϕ42×2.5×240	Q235B	1.30
	B-SG-600	ϕ42×2.5×540	Q235B	2.00
	B-SG-900	ϕ42×2.5×840	Q235B	2.80
	B-SG-1200	ϕ42×2.5×1140	Q235B	3.60
	B-SG-1500	ϕ42×2.5×1440	Q235B	4.30
	B-SG-1800	ϕ42×2.5×1740	Q235B	5.10
	B-SG-2000	ϕ42×2.5×1940	Q235B	5.60
竖向斜杆	A-XG-300×1000	ϕ48×2.5×1008	Q195	4.10
	A-XG-300×1500	ϕ48×2.5×1506	Q195	5.50
	A-XG-600×1000	ϕ48×2.5×1089	Q195	4.30
	A-XG-600×1500	ϕ48×2.5×1560	Q195	5.60
	A-XG-900×1000	ϕ48×2.5×1238	Q195	4.70
	A-XG-900×1500	ϕ48×2.5×1668	Q195	5.90
	A-XG-900×2000	ϕ48×2.5×2129	Q195	7.20
	A-XG-1200×1000	ϕ48×2.5×1436	Q195	5.30

名称	型号	规格/(mm×mm×mm)	材质	理论重量/kg
竖向斜杆	A－XG－1200×1500	φ48×2.5×1820	Q195	6.40
	A－XG－1200×2000	φ48×2.5×2250	Q195	7.55
	A－XG－1500×1000	φ48×2.5×1664	Q195	5.90
	A－XG－1500×1500	φ48×2.5×2005	Q195	6.90
	A－XG－1500×2000	φ48×2.5×2402	Q195	8.00
	A－XG－1800×1000	φ48×2.5×1912	Q195	6.60
	A－XG－1800×1500	φ48×2.5×2215	Q195	7.40
	A－XG－1800×2000	φ48×2.5×2580	Q195	8.50
	A－XG－2000×1000	φ48×2.5×2085	Q195	7.00
	A－XG－2000×1500	φ48×2.5×2411	Q195	7.90
	A－XG－2000×2000	φ48×2.5×2756	Q195	8.80
	B－XG－300×1000	φ33×2.3×1057	Q195	2.95
	B－XG－300×1500	φ33×2.3×1555	Q195	3.82
	B－XG－600×1000	φ33×2.3×1131	Q195	3.10
	B－XG－600×1500	φ33×2.3×1606	Q195	3.92
	B－XG－900×1000	φ33×2.3×1277	Q195	3.36
	B－XG－900×1500	φ33×2.3×1710	Q195	4.10
	B－XG－900×2000	φ33×2.3×2173	Q195	4.90
	B－XG－1200×1000	φ33×2.3×1472	Q195	3.70
	B－XG－1200×1500	φ33×2.3×1859	Q195	4.40
	B－XG－1200×2000	φ33×2.3×2291	Q195	5.10
	B－XG－1500×1000	φ33×2.3×1699	Q195	4.09
	B－XG－1500×1500	φ33×2.3×2042	Q195	4.70
	B－XG－1500×2000	φ33×2.3×2402	Q195	5.40
	B－XG－1800×1000	φ33×2.3×1946	Q195	4.53
	B－XG－1800×1500	φ33×2.3×2251	Q195	5.05
	B－XG－1800×2000	φ33×2.3×2618	Q195	5.70
	B－XG－2000×1000	φ33×2.3×2119	Q195	4.82
	B－XG－2000×1500	φ33×2.3×2411	Q195	5.35
	B－XG－2000×2000	φ33×2.3×2756	Q195	5.95
水平斜杆	A－SXG－900×900	φ48×2.5×1273	Q235B	4.30
	A－SXG－900×1200	φ48×2.5×1500	Q235B	5.00
	A－SXG－900×1500	φ48×2.5×1749	Q235B	5.70
	A－SXG－1200×1200	φ48×2.5×1697	Q235B	5.55
	A－SXG－1200×1500	φ48×2.5×1921	Q235B	6.20
	A－SXG－1500×1500	φ48×2.5×2121	Q235B	6.80
	B－SXG－900×900	φ42×2.5×1272	Q235B	3.80
	B－SXG－900×1200	φ42×2.5×1500	Q235B	4.30

名称	型 号	规格/(mm×mm×mm)	材 质	理论重量/kg
水平斜杆	B-SXG-900×1500	φ42×2.5×1749	Q235B	5.00
	B-SXG-1200×1200	φ42×2.5×1697	Q235B	4.90
	B-SXG-1200×1500	φ42×2.5×1921	Q235B	5.50
	B-SXG-1500×1500	φ42×2.5×2121	Q235B	6.00
可调托座	A-ST-500	φ48×6.5×500	Q235B	7.12
	A-ST-600	φ48×6.5×600	Q235B	7.60
	B-ST-500	φ38×5.0×500	Q235B	4.38
	B-ST-600	φ38×5.0×600	Q235B	4.74
可调底座	A-XT-500	φ48×6.5×500	Q235B	5.67
	A-XT-600	φ48×6.5×600	Q235B	6.15
	B-XT-500	φ38×5.0×500	Q235B	3.53
	B-XT-600	φ38×5.0×600	Q235B	3.89

注 1. 立杆规格φ60mm×3.2mm 为 A 型承插型盘扣式钢管支架，φ48mm×3.2mm 为 B 型承插型盘扣式钢管支架；

2. A-SG、B-SG 水平杆分别适用于 A 型和 B 型承插型盘扣式钢管支架；

3. A-SXG、B-SXG 水平斜杆分别适用于 A 型和 B 型承插型盘扣式钢管支架。

承插型盘扣式模板支架的搭设应符合《建筑施工承插型盘扣式钢管支架安全技术规范》（JGJ 231—2010）的有关规定。

（5）各类模板支架的比较。《速接架在京沪高铁工程现浇箱梁中的设计与应用》一文针对京沪高铁无锡东站站区高架段现浇箱梁施工，对碗扣架、门式架、扣件架、速接架（承插型盘扣架）进行了安全性和经济性的分析比较，能够从一定程度上反映各类支架的优缺点。其安全性和经济性分析表分别见表 3-15 和表 3-16。

表 3-15　　　　　　　　　　　各类支架安全性分析表

项目	碗扣架	门式架	扣件架	速接架（承插型盘扣架）
受力方式	轴心受力	轴心受力	轴心受力	轴心受力
节点结构形式	铰接	铰接	半刚性	半刚性
节点可靠性	各节点性能相对均衡、抗扭能力较低，可靠性好	各节点性能不稳定、抗扭能力较低，可靠性一般	各节点性能不均衡、差异性较大，抗扭能力好，可靠性低	各节点性能相对均衡、抗扭能力较强，可靠性较高
整体稳定性	稳定性好	稳定性一般	稳定性差	稳定性较好
立杆许用荷载	3.5t/支	3.7t/支	1.8t/支	7.5/5.4（A 型/B 型）t/支
结论	节点可靠性一般，架体承载力受节点影响大，整体稳定性好，承载力高	节点可靠性一般，架体承载力受节点影响大，整体稳定性一般，承载力高	节点可靠性低，架体承载力受节点影响大，整体稳定性差，承载力较低	节点可靠性较高，架体承载力受节点影响小，整体稳定性较好，承载力较高

表 3 - 16　　　　　　　　　　各类支架经济性分析表

| 项目 | 材料用量/t | 租赁费用 | | 运输费用 | | 起重费用 | | 人工费用 | | 材料损耗费用 | | | 人机材费合计/元 |
		单价/[元/(t·月)]	月租金/元	单价/(元/t)	运费/元	单价/(元/t)	起重费/元	单价/(元/t)	人工费/元	单价/(元/t)	损耗率/%	损耗费/元	
碗扣架	70	240	16800	60	4200	30	2100	115	8050	6500	3.5	15925	47075
门式架	87.5	210	18375	60	5250	30	2625	120	10500	6000	2.0	10500	47250
扣件架	100	180	18000	60	6000	30	3000	125	12500	4500	5.0	22500	62000
速接架（承插型盘扣架）	35	600	21000	60	2100	30	1050	80	2800	10000	1.0	3500	30450

注　1. 本表以传统扣件架为比较基础，结合工程实际应用统计数据而制定，仅代表一定区域，未考虑各地区差异性；

　　2. 运输费单价、起重费单价均为同等价格和人工按照 140 元/工日而定；

　　3. 损耗率是以工程损耗统计数据而定，该损耗率代表现场管理水平较好层次，现场管理水平较差层次的损耗率远高于表中数据。

模板支架的搭设要注意支架材料质量控制，支架基础施工与验收，支架实际施工情况是否与支架构造设计方案完全一致等要点。

其他形式。随着工程的需要和不断地创新，一些另类的支架形式相继出现，如轮扣式支架，其类似于承插型盘扣式，但"承插盘"外形不同，称为轮扣，焊在钢管上的轮扣见图 3-11。

其节点形式及实物见图 3-12。

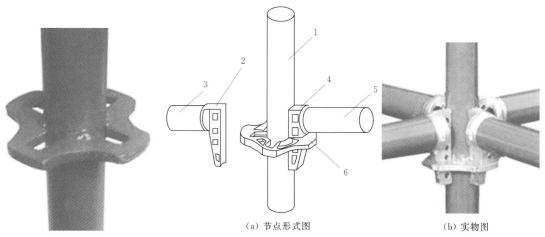

图 3-11　焊在钢管上的轮扣实物图

（a）节点形式图　　　　（b）实物图

图 3-12　轮扣式钢管支架节点形式及实物图
1—立杆；2、4—插头；3、5—横杆；6—轮扣

另外，还有盘销式等，但这类钢管支架的搭设目前尚未有相应的行业标准予以规范。

3.2　普通大钢模板

普通大钢模板分为两种：一种是由小块钢模板拼合组装而成；另一种是根据结构体型要求特别制作的整装整拆的模板。模板的横竖围檩由钢构件组装而成，根据模板面积及受力大小围檩可采用钢管或型钢。

3.2.1　面板材料

面板是直接与混凝土接触的部分，要求表面平整，加工精密，有一定刚度，能多次重复使用。

（1）整块钢面板。一般用 4～6mm（以 6mm 为宜）钢板拼焊而成。这种面板具有良好的强度和刚度，能承受较大的混凝土侧压力及其他施工荷载，重复利用率高，一般周转次数在 200 次以上。另外，由于钢板面平整光洁，耐磨性好，易于清理，有利于提高混凝土表面的质量。缺点是耗钢量大，重量大（40kg/m²），易生锈，不保温，损坏后不易修复。

（2）组合式钢模板组拼成面板。这种面板主要采用 55 型组合钢模板组拼，虽然亦具有足够的强度和刚度，自重较整块钢板面要轻（35kg/m²），能做到一模多用等优点，但拼缝较多，整体性差，周转使用次数不如整块钢板面多，在墙面质量要求不严的情况下可以采用。采用中型组合钢模板拼制而成的大模板，拼缝较少。

3.2.2　规格尺寸

普通大钢模板一般规格为 3m×3m 或 6m×6m，其尺寸可根据结构需要设置。

3.2.3　模板安装

普通大钢模板主要采用内拉内撑方式加固。施工过程中，在建基面或上一层收仓面埋设地锚，并在模板面板上按预先设定的拉条间距预留孔洞。模板安装时，采用起吊设备将模板吊至安装位置，然后将距模板底口 15～20cm 处的底排螺栓穿过模板与第一排拉条筋焊接，并在靠近模板处做"X"架立，用以支撑模板自身重量。然后将上部拉条至少 $\frac{1}{3}$ 与模板拉接，并设置内撑后，可先行摘钩，随后应根据模板控制点将模板调整到位后立即将剩余拉条拉接完毕。

组合大钢模板及定型大钢模板见图 3-13～图 3-16。

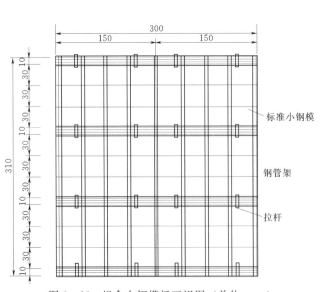

图 3-13　组合大钢模板正视图（单位：cm）

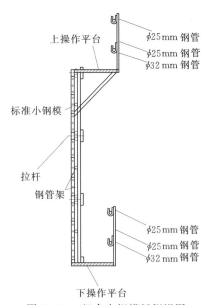

图 3-14　组合大钢模板侧视图

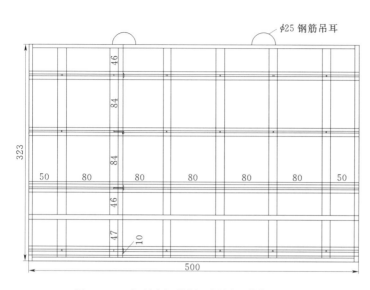

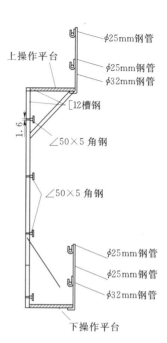

图 3-15 定型大钢模板正视图（单位：cm）　图 3-16 定型大钢模板侧视图

普通大钢模板比传统的现立钢模板具有施工速度快、整体刚度好、操作简单等优点，但因其结构体型大、重量大，不能自升，必须依靠外界起升机构才能支立，在一些结构复杂、空间狭小不能采用悬臂模板的部位还是具有广泛的应用价值。

3.3　组合模板

由单块模板与围檩事先组装在一起的模板。其优点是通用性强、组装灵活、装拆方便、周转次数多、浇筑的构件尺寸准确、棱角整齐、表面光滑。缺点是一次性投入较大。包括定型组合钢模板和大型组合模板。

3.3.1　定型组合钢模板

定型组合钢模板用于梁、柱、墙、楼板的大型模板，可整体吊装就位，也可采用散装散拆。

定型组合钢模板由钢模板和配件两大部分组成。

钢模板包括平面模板、阴角模板、阳角模板、连接角模等通用模板和倒棱模板、梁腋模板、柔性模板、搭接模板、可调模板及嵌补模板等专用模板；钢模板采用 Q235 钢材制成，对于小于 400mm 宽面钢模板的钢板厚度 2.5mm，对于不小于 400mm 宽面钢模板的钢板厚度应采用 2.75mm 或 3.0mm 钢板。

配件的连接件包括 U 形卡、L 形插销、钩头螺栓、紧固螺栓、对拉螺栓、扣件等，配件的支承件包括钢楞、柱箍、钢支柱、早拆柱头、斜撑、组合支架、扣件式钢管支架、门式支架、碗扣式支架、方塔式支架、梁卡具、圈梁卡和桁架等。

钢模板组装误差标准应满足表 3-17 的要求。

表 3－17　　　　　钢模板组装误差标准表	单位：mm
项　　目	允　许　偏　差
两块模板之间拼接缝隙	不大于 2.0
相邻模板面的高低差	不大于 2.0
组装模板板面平面度	不大于 2.0（用 2m 长平尺检查）
组装模板板面的长宽尺寸	不大于长度和宽度的 1/1000，最大±4.0
组装模板两对角线长度差值	不大于对角线长度的 1/1000，最大不大于 7.0

3.3.2　大型组合模板

大型组合模板用于浇筑大体积混凝土，如混凝土大坝、闸墩、厂房边墙等部位的混凝土施工。大型组合模板包括悬臂模板、半悬臂模板。大型组合模板由模板、平台、主背楞桁架、斜撑、后移装置、受力三脚架、埋件等部件组成。其中，模板可采用大钢模板或木模板加肋、桁架型钢组成，斜撑由无缝钢管及其两端开正反牙调节螺杆组成。

3.4　木模板

（1）定型平面木模板。常用的定型木模板规格有：宽度 50cm、80cm、100cm，长度 150cm、225cm、325cm 等，定型平面木模板见图 3－17。

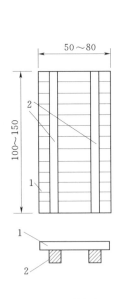

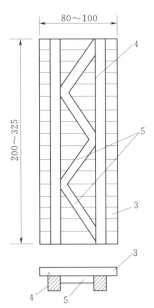

(a)80cm×150cm以下模板背面及剖面　　　(b)80cm×200cm以上模板背面及剖面

图 3－17　定型平面木模板示意图（单位：cm）

1—面板（厚 2.5～3.0cm）；2—板肋（5cm×15cm）；3—面板（厚 2.5～4.0cm）；

4—板肋（6cm×14cm～8cm×15cm）；5—斜撑（5cm×7cm～5cm×10cm）

（2）模板的支撑形式。常用的支撑形式见图3-18、图3-19。拉条的间距根据模板刚度而定，一般为1～1.5m，拉条直径6～16mm，拉条与老混凝土面夹角应小于45°，支撑宜用预制轻型钢筋混凝土柱或预埋型钢。

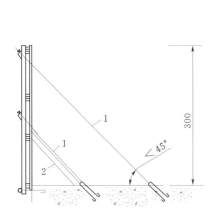

图3-18 直立面模板的支撑图
（单位：cm）
1—φ6～16mm拉条；2—支撑

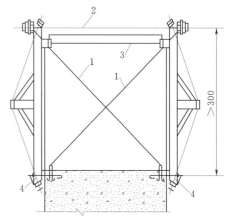

图3-19 墩、墙模板的支撑图（单位：cm）
1—φ8～16mm斜拉条；2—φ16mm水平拉条；
3—支撑；4—木楔

（3）支撑锚固联结件。支撑模板所采用的部件有预制环、拉条、紧固螺栓和锚固螺栓等。其常见的连接形式有以下几种：

1）模板拉条用的预埋环和弯筋。

2）模板下端与坝体的锚固连接。

3.5 悬臂模板及半悬臂模板

悬臂模板及半悬臂模板一般采用钢材制作；因其不用拉条，便于机械化施工，可为大体积混凝土快速施工创造有利条件。采用这种模板，混凝土浇筑块的高度一般不超过3.0m。其面板可用定型钢模板组装，也可直接用钢板加工。

悬臂模板及半悬臂模板的优点：

（1）利用起吊设备安装和拆除，操作方便，安全性高，可节省大量工时和材料，周转次数多。

（2）提供全方位的操作平台，不必为重新搭设操作平台而浪费材料和劳动力。

（3）结构施工误差小，纠偏简单，施工误差可逐层消除，混凝土外观质量好。

（4）可以提高工程施工速度，施工效率高。

3.5.1 悬臂模板

悬臂模板主要应用于大体积混凝土和高边墙等构筑物大面积的直立面和陡倾角斜面支模。悬臂模板早在20世纪70年代后期就开始应用。现在的悬臂模板结构合理，基本定型；调节灵活，操作方便。模板的固定系统采用略弯成蛇形的φ15mm高强度预埋锚筋，其本身即是螺距为 10mm 的特殊牙型螺杆，可与多种多卡紧固件（如螺母、套筒、山型卡扣等）连接。面板可采用整体钢框大块钢板、胶合板、铝合金板和复合塑料板等多种方案。悬臂模板悬臂支撑大致可分为型钢梁和桁架梁两种。

3.5.1.1 型钢梁悬臂支撑

型钢梁悬臂支撑模板结构见图 3-20，型钢梁长 300cm，梁总重 170kg。

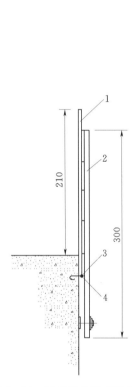

图 3-20 型钢梁悬臂支撑模板
结构示意图（单位：cm）
1—面板；2—型钢悬臂；3—插座；
4—插销

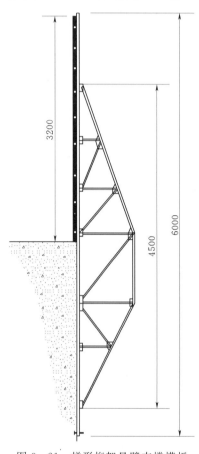

图 3-21 梯形桁架悬臂支撑模板
结构示意图（单位：mm）

3.5.1.2 桁架梁悬臂支撑

（1）梯形桁架。梯形桁架悬臂支撑模板的结构见图 3-21。桁架梁长 4500mm，总重 324kg，用于 300cm 的浇筑层厚度。

（2）三角形桁架。

1）三角形桁架之一：桁架间距为 200cm，桁架杆件由 2 根∠60mm×60mm×6mm 的角钢焊合，每块模板加工成 210cm×100cm，重 2154kg。其特点：桁架上半部的杆件为固结；下半部为铰接。下半部桁架的竖杆为花篮螺丝杆件。当竖杆伸长或缩短时，桁架下斜杆的下端便沿混凝土壁面移动，从而拉动桁架上半部分转动，用于拆模和调整模板位置的

38

作用，三角形桁架悬臂支撑模板结构见图 3-22。

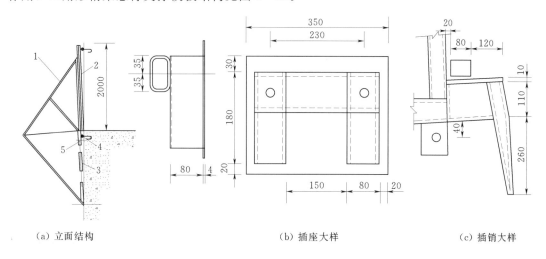

（a）立面结构　　　　　　　　　（b）插座大样　　　　　　　（c）插销大样

图 3-22　三角形桁架悬臂支撑模板结构示意图之一（单位：mm）
1—桁架；2—面板；3—花篮螺丝；4—插座；5—插销

2）三角形桁架之二：桁架间距为 1.5m，桁架上竖杆为 14 号槽钢，其余杆件为 12 号工字钢，见图 3-23，每榀桁架梁重约 270kg。该悬臂模板用于浇筑混凝土表面平整度要求较高的部位。其特点：桁架梁型钢杆件节点均为固结；面板支撑在桁架梁上，通过调节螺栓可以拆除和调整模板的位置，面板下端垫有 ϕ25mm 的钢管，以便面板移动。

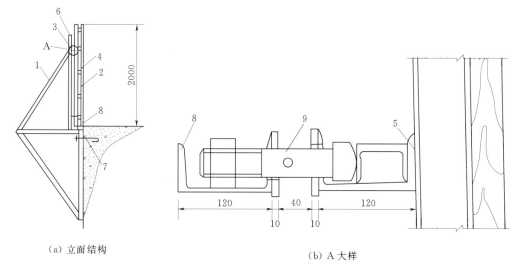

（a）立面结构　　　　　　　　　　　（b）A 大样

图 3-23　三角形桁架悬臂支撑模板结构示意图之二（单位：mm）
1—桁架；2—面板；3—调节螺栓；4—方木横肋；5—竖围檩；6—桁架上竖杆；
7—预埋螺栓；8—钢管；9—调节螺栓

3）三角形桁架之三：DOKA 模板，面板尺寸 3m×3.3m。每榀重量：桁架为 600kg；模板为 1000kg。DOKA 模板按混凝土距建基面高度分三种立模方式，见图 3-24、图 3-25。

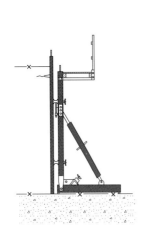
（a）第一层方式

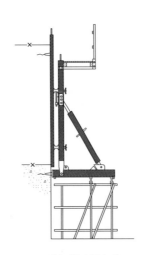
（b）第二层方式

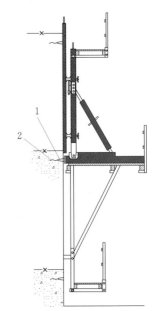
（c）第三层及以上各层方式

图 3-24 DOKA 模板立模方式示意图

1—预埋爬行锥；2—预埋锚筋

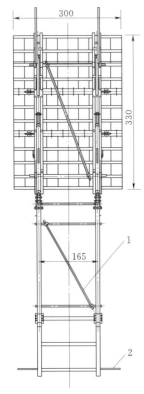
（a）DOKA 模板背面展开

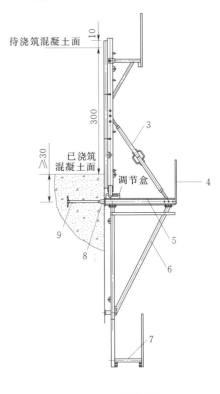
（b）DOKA 模板浇筑

图 3-25 DOKA 模板背面展开及浇筑示意图（单位：cm）

1—斜撑；2—钢走道；3—调节杆；4—栏杆；5—主操作平台；6—下三脚架；

7—下操作平台；8—预埋爬行锥；9—高强螺栓

（3）矩形桁架。矩形桁架悬臂模板支撑是以两根 20 号槽钢为竖杆，ϕ22mm 圆钢为腹杆，支撑梁断面为 20cm×40cm，矩形桁架悬臂支撑模板见图 3-26。

（4）轻型桁架。轻型桁架悬臂模板，主要用于重力坝和拱坝。面板尺寸 3m×3.3m。每平方米用钢量：桁架为 37.4kg；模板为 91.92kg。每榀重量：桁架为 185kg；模板为 910kg，一次立模预埋锚栓耗钢量 17.3kg，轻型桁架悬臂模板结构见图 3-27。

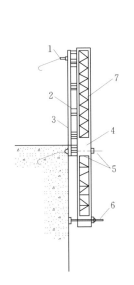

图 3-26　矩形桁架悬臂
支撑模板结构图
1—预埋螺栓；2—横梁；3—面板；
4—支撑梁；5—连接件；6—调
节螺栓；7—腹杆
（ϕ22mm 圆钢）

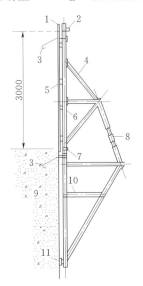

图 3-27　轻型桁架悬臂
支撑模板结构图
（单位：mm）
1—面板；2—吊耳；3—预埋锚栓；
4—桁架；5—横围梁；6—悬臂
梁；7—铰座；8—调节螺栓；
9—已浇混凝土；10—工
作平台；11—支垫座

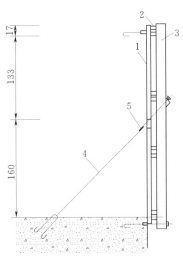

图 3-28　半悬臂模板
结构图（单位：cm）
1—组合钢模板；2—方钢管；3—两根
18 号槽钢；4—ϕ22mm 拉条；
5—ϕ22mm 螺杆

3.5.2　半悬臂模板

半悬臂模板的高度，常用的有 3.2m 和 2.2m 两种，见图 3-28。

3.6　翻转模板

翻转模板是专门针对快速上升的混凝土施工而设计的，是一种经济而实用的新型模板体系。其结构轻巧、设计先进、操作简单、使用可靠、施工效率高。

目前国内许多碾压混凝土工程翻转模板，大多借鉴普定碾压混凝土拱坝及棉花滩碾压混凝土重力坝施工经验，采用 3 套 3m×3m 模板交替上升，单套模板高度方向设计三排锚筋。安拆一块模板时间约为 15min。

模板组成包括 4 大部分：

（1）面板：采用 3m×2.1m 面板，该面板设计合理，单位用钢量少而且刚度大。其尺寸标准化，模数化，适应各种结构混凝土浇筑。目前，已广泛用于国内多个水利水电工程项目。

（2）支撑：为充分发挥材料强度，降低翻转模板单位用钢量，支撑结构采用桁架形式，主要由[10及∠63焊接而成。为方便安装，桁架上设计专用吊点、定位机构以及楔块。桁架下口设置调节丝杆以调节模板的倾斜度，模板的拆安主要通过楔块完成。

（3）锚固系统：螺栓与锥体设计为整体结构，螺栓与锥体的安装拆卸一次完成。为防止锥体在混凝土振捣过程中产生轻微外移，锥体设计定位销孔。在锚固点处，通过2[6.3将两个锚固力传给桁架。

（4）工作平台及附件：工作平台设计为钢板网式以防滑、防积水，平台设计通道口供现场施工人员上下通行。

为方便模板起吊，还设计了专用起吊扁担，翻转模板应用及吊装见图3-29。

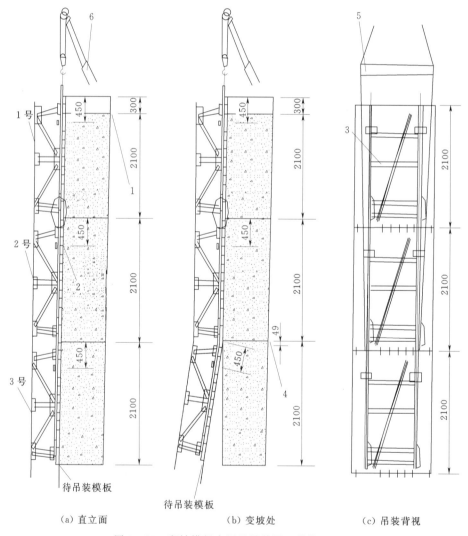

图3-29　翻转模板应用及吊装图（单位：mm）

1—模板提升时混凝土浇高；2—预埋套筒一排4根；3—固体平台；4—木模板补缝；
5—模板吊装专用扁担；6—QY8吊车

湖北省招徕河水利枢纽工程的拦河大坝设计，对数螺旋线型大曲率双曲碾压混凝土拱坝，为满足施工要求采用了双向曲率可调、上下套模板可相对移动、连续上升的翻转模板。3套模板竖向成组使用。单套模板由面板系统、桁架系统、水平调节系统、竖向调节系统、锚固系统等组成，模板组装见图3-30。其中面板系统主要由3.0m×1.8m×0.12m的钢面板和连接螺栓组成。钢面板由3块刚性平面板和2个柔性铰组成曲率可调模板，面板设有锚锥预埋孔。各边框设有条形连接孔，折弯筋板和短筋板设有部件装配孔和替代方案备用孔。面板通过连接螺栓和水平调节系统及桁架连为一体。操作水平调节杆，可实现水平曲率的调整，通过柔性铰可实现各刚性平面面板间的圆滑过渡。桁架系统由桁架、组装钢管、工作平台等组成。桁架由角钢、槽钢、节点钢板组焊而成。桁架系统与水平调节系统、竖直调节系统、锚固系统等一起构成模板的支撑系统。调节系统包括水平调节系统和竖直调节系统。水平调节系统由调节支座、水平调节杆等组成。可实现模板上、下边相同或不同水平曲率的调整，亦可实现左、右相邻两模板的平顺连接。竖直调节系统由前横梁、前滑块、楔板、后横梁、竖直调节杆等组成。可实现竖直曲率的变化、上下层模板间力的传递、左右相邻模板间的缝隙调整。锚固系统由锚筋梁、预埋锚锥、环形燕尾锚筋等组成，承担模板的所有荷载。锚固系统的承载力直接影响施工质量和施工安全，极为重要。因此，1榀桁架配置2组锚固系统，并采用环形燕尾锚筋来提高锚筋与RCC间的握裹力。

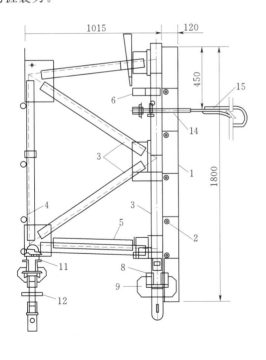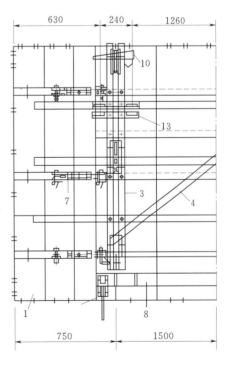

图3-30 湖北招徕河水利枢纽工程碾压混凝土翻转模板结构图（单位：cm）

1—面板；2—连接螺栓；3—桁架；4—组装钢管；5—工作平台；6—调节支座；7—水平调节杆；8—前横梁；9—前滑块；10—楔板；11—后横梁；12—竖直调节杆；13—锚筋梁；14—预埋锚锥；15—环形燕尾锚筋

在招徕河水利枢纽工程碾压混凝土双曲高薄拱坝施工中开发、研制出了一种既能适应变曲率拱坝体型变化及倒悬度影响，又能满足连续浇筑、快速上升的翻转模板，该模板双向可调、操作简便、使用安全、能连续翻升，见图3-31。模板的尺寸3.0m×1.8m（宽×高），水平方向设可调节系统，平直段长1.5m，可调节段长各0.75m，可调节度6～10cm。每组模板由上、中、下3套组成，高5.4m，上、下套之间采用节间调节装置进行力的传递和实现俯仰调节功能。钢面板由三块刚性平面面板和2个柔性铰组成曲率可调模板。面板通过连接螺栓和水平调节系统与桁架连为一体。操作水平调节杆，可实现水平曲率的调整，通过柔性铰可实现各刚性平面面板间的圆滑过渡。

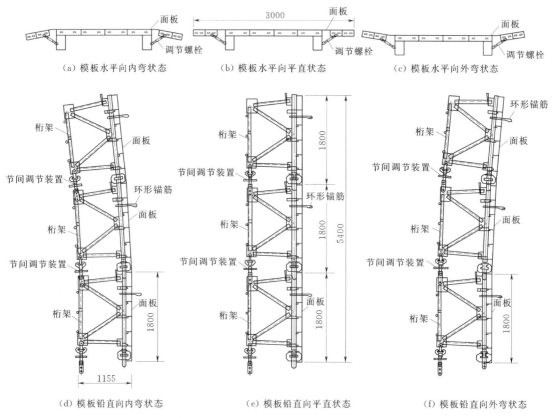

(a) 模板水平向内弯状态　　(b) 模板水平向平直状态　　(c) 模板水平向外弯状态

(d) 模板铅直向内弯状态　　(e) 模板铅直向平直状态　　(f) 模板铅直向外弯状态

图3-31　招徕河双向可调节悬臂翻升模板结构图（单位：mm）

3.7　液压自爬模板

竖井内液压自爬模板采用液压油缸配以液压泵站组成的液压系统为爬升动力装置，混凝土分层浇筑，层高可到3～4m，在井架中共布置三层平台，上平台是主要操作平台，下两层平台是结构底盘，两架底盘上均设置伸缩式支腿，就位时，中层主梁和下层主梁两端的支腿插入混凝土预留槽内，支腿可以向下转动，但不能向上转动。承受全部结构重量和活动荷载，当油缸活塞顶出时，下层主梁由支腿支撑、不动，油缸顶托中层主梁及其上部的竖井模板上升。此时，中层主梁的支腿从混凝土预留槽内滑出，直至进入上一层预留槽内；接着收回油缸活塞，此时中层主梁由支腿支撑而不能下移，下层主梁的支腿从混凝土预留槽内滑出，下层主梁在油缸的带动下上升，直至其支腿进入上一层预留槽内。如此循环，实现竖井模体的自升。浇筑层较高时（3m以上）可分两次爬升到位。井架放好后，模板的脱模、立模均用井架四周布置的丝杆推动模板水平移动调节。

这是一种竖井内壁模板，在体积较大的混凝土结构或钢筋密集、复杂，不便于滑模连续浇筑的场合均适用。

三峡永久船闸输水系统阀门井爬模组合布置见图3-32，每个阀门井由工作阀门井、水泵井及上游检修井各一个组成，采用液压自爬模板施工，各井模板自成一体，可单独爬升，两个小井各用2只油缸，共用一套泵站，大井4只油缸，一套泵站，自成体系。

液压自爬模板工作原理见图3-33。

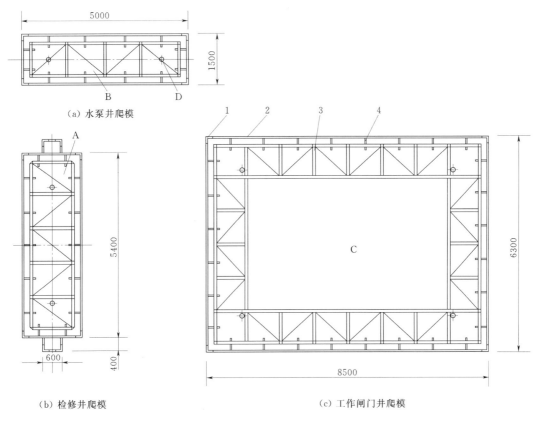

（a）水泵井爬模

（b）检修井爬模

（c）工作闸门井爬模

图3-32　三峡永久船闸输水系统阀门井爬模组合布置图（单位：mm）
A—检修井；B—水泵井；C—工作阀门井；D—油缸位置；
1—角模；2—平面模板；3—井架；4—螺旋撑杆

三峡水利枢纽工程永久船闸竖井施工采用的液压自爬式模板见图3-34、图3-35。

水利水电建筑上常用的DG-SCS80型液压自爬模板为附墙自爬升模板，用于剪力墙（两侧无楼板）施工，与楼层模板相对独立。液压自爬模的动力来源是本身自带的液压顶升系统，液压顶升系统包括液压油缸和上、下换向盒，换向盒可控制提升导轨或提升架体，通过液压系统可使模板架体与导轨间形成互爬，从而使液压自爬模稳步向上爬升，液

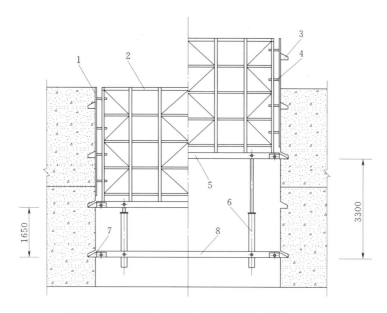

图 3-33　液压自爬模板工作原理图（单位：mm）
1—模板；2—井架；3—预留孔模板；4—撑杆；5—中层平台；
6—油缸；7—支腿；8—下层平台

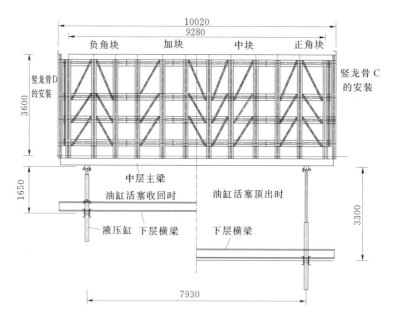

图 3-34　三峡水利枢纽工程永久船闸竖井爬升式模板（短方向立面）结构图
（单位：mm）

压自爬模在施工过程中无需其他起重设备，操作方便，爬升速度快，安全系数高。自爬模的顶升运动通过液压油缸对导轨和爬架交替顶升来实现。导轨和爬模架互不关联，两者之间可进行相对运动。当爬模架工作时，导轨和爬模架都支撑在埋件支座上，两者之间无相

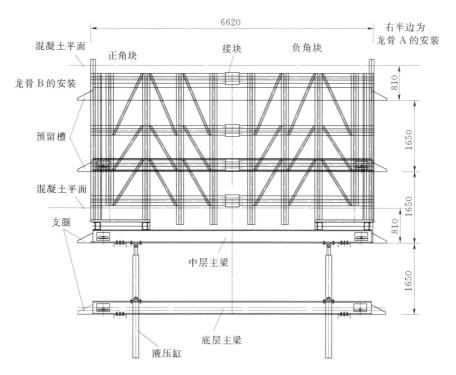

图 3-35　三峡水利枢纽工程永久船闸竖井爬升式模板（长方向立面）结构图

（单位：mm）

对运动。退模后立即在退模留下的爬锥上安装承载螺栓、挂座体及埋件支座，调整上、下换向盒棘爪方向来顶升导轨，待导轨顶升到位，就位于该埋件支座上后，操作人员立即转到下平台拆除导轨提升后露出的位于下平台处的埋件支座、爬锥等。在解除爬模架上所有拉结之后就可以开始顶升爬模架，这时候导轨保持不动，调整上下棘爪方向后启动油缸，爬模架就相对于导轨运动，通过导轨和爬模架这种交替附墙，互为提升对方，爬模架即可沿着墙体上预留爬锥逐层提升。

模板体系的爬升系统主要由埋件系统、导轨、液压系统三个部分组成，DG-SCS80型液压自爬模板结构见图 3-36。

（1）埋件系统：包括埋件板、高强螺杆、爬锥、受力螺栓和埋件支座等。

（2）导轨：导轨是整个爬模系统的爬升轨道，它由 H15 型钢及一组梯档（梯档数量依浇筑高度而定）组焊而成，梯档间距 225mm，供上下换向盒的棘爪将载荷传递到导轨，进而传递到埋件系统上。

（3）液压系统：包括液压泵、油缸、上换向盒和下换向盒。

1）液压泵和油缸：向整个爬模系统提供升降动力。

2）上换向盒和下换向盒：是爬架与导轨之间进行力传递的重要部件，改变换向盒的棘爪方向，实现提升爬架或导轨的功能转换。

（4）模板拼装：模板采用型钢和工字梁用咬合件固定的方式进行拼装。

（5）爬模装置安装：安装预埋件—安装附墙挂件—安装埋件挂座—安装导轨—安装主

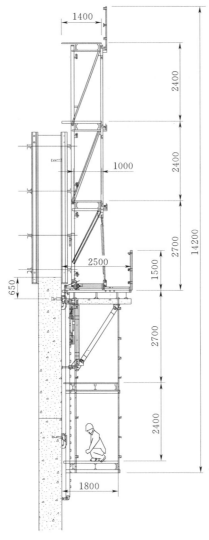

图 3 - 36　DG - SCS80 型液压自爬模板结构图（单位：mm）

承力架—安装液压装置—安装后移模板承力架装置—安装模板。

3.8　滑动模板

当前在水工建筑物混凝土施工中应用滑动模板日趋广泛。采用滑动模板施工，对加快工程进度，降低工程造价，均有明显的技术经济效益。

滑动模板是在混凝土连续浇筑过程中随之滑动上升（前进）的模板。模板滑动方式基本上有两种类型：一种是由液压穿心式千斤顶带动模板沿着爬杆向上滑升；另一种是由卷扬机或千斤顶—钢绞线牵引模板沿着导轨滑动。前者多用于高度较大的等截面或截面变化不大的钢筋混凝土建筑物，如闸墩、桥墩、井筒等。其混凝土浇筑方向，即模板滑动方向一般为由低向上垂直上升；后者多用于溢洪道溢流面、堆石坝混凝土面板、斜井等部位。

3.8.1 滑动模板设计

3.8.1.1 工作原理和设计原则

（1）液压滑动模板工作原理。液压滑动模板由模板结构和液压提升系统两部分组成。其工作原理以建筑物为基础，每隔一定距离埋设金属爬杆一根，将液压千斤顶套在每根爬杆上，通过螺栓把液压千斤顶底座与提升架的顶部连在一起，在提升架的立柱内侧装配围圈，并在围圈上悬挂模板。为了便于施工，在提升架立柱外侧连接操作平台和内外吊架。为使所有液压千斤顶能同步工作，用输油管路将它们与液压操作机相连。这样，随着模板底部混凝土的凝固，液压操作机驱动所有液压千斤顶，就可带着提升架、围圈、模板、操作平台和内外吊架等沿着爬杆向上滑动。如此反复连续进行，一直爬升到建筑物顶部为止。建筑物越高，滑动模板的优越性越大。

（2）设计原则。滑动模板是一种特定的施工方法，模板滑动和脱模受混凝土凝固速度控制。采用滑动模板施工必须在混凝土浇筑方案中统筹考虑，使混凝土拌和、运输和浇筑入仓同模板滑动、脱模等各道工作紧密地协调配合。

滑动模板既是混凝土成型装置，又是施工作业的重要场所。因此，滑动模板结构必须具有足够的整体稳定性和强度，以确保建筑物几何形状、尺寸的准确和施工安全。在设计计算滑动模板各组成部件时，应根据其构造和工作荷载组合，分别验算其强度和刚度。

3.8.1.2 设计和施工的有关参数

（1）滑动模板各部件构造的一般要求。

1）模板：模板高度一般采用 1.0～1.2m，滑动速度较快时可适当加大，但最大不宜超过 1.5m。单块模板宽度一般以 0.2～0.6m 为宜（常用 0.5m）。为便于滑动，模板必须具有一定的锥度，一般为模板高度的 0.5%（上口减小 0.25%，下口放大 0.25%）。

2）围圈：上下围圈间距通常为 50～75cm，上围圈距模板上口不超过 25cm，下围圈距模板下口不超过 30cm。

3）提升架：提升架至模板上口的高度，钢筋混凝土结构应不小于 45cm；素混凝土应不小于 15cm。提升架的间距一般为 1.5～2.5m，若大于 3.0m 或围圈上有较大荷载时，宜制成桁架式围圈。

4）操作平台和吊架：操作平台宽度一般为 0.8m，平台铺 4cm 厚的木板，并与模板上口平齐。在操作平台之下，每隔 1.2m 悬挂一个吊架，上铺木板，外设安全栏杆。

5）爬杆：爬杆一般用 φ25mm 圆钢（HPB235），经冷拉调直，其延伸率控制在 2%～3% 以内；每节长度以 4m 为宜。为使在同一截面上接头不超过 25%，第一节爬杆至少要用四种不同长度；爬杆的接头以丝扣连接方便可靠。也可用 φ48mm 钢管作爬杆，对钢管爬杆应做允许承载力计算。

（2）滑动模板组装。滑动模板组装之前，宜先用普通模板将建筑物基础混凝土浇好，并将爬杆下端埋入混凝土内。混凝土表面经过凿毛处理和测量放线后，先搭设组装滑动模板的脚手架，然后依照下列顺序进行组装：绑扎结构钢筋→组装模板→操作平台大梁（或桁架）→提升架→围圈→液压系统（包括千斤顶和液压操作机及管路）→爬杆→内、外吊架。

液压滑动模板组装质量标准见表 3－18。

表 3-18 液压滑动模板组装质量标准表

名　称	允许偏差/mm	名　称	允许偏差/mm
模板中心线与建筑物中心线的偏离位移	±3	提升架平面外位移	±20
结构断面尺寸	±3	提升架平面内位移	±5
上围圈标高	±10	圆模直径，方模边长	±5
提升架立柱的垂直偏差	±2	操作平台水平度	±20
各提升架下横梁的水平高差	±3	模板反锥度或无锥度	不允许
考虑锥度后模板的底端尺寸	±2	提升架中心线倾斜度	±0
考虑锥度后模板的顶端尺寸	±1		

（3）混凝土浇筑和模板滑动。

1）混凝土浇筑：利用滑动模板浇筑混凝土，必须将整个建筑物分为若干浇筑段，确保各段在同一时间内的浇筑厚度基本相同，每层浇筑层厚以 25～30cm 为宜。

模板第一次试提升前，初始浇筑混凝土的总厚度，应满足混凝土自重超过模板与混凝土之间摩阻力的要求，一般为 60～70cm（分 2～3 层浇筑）。浇筑后隔 3～5h（具体时间取决于当时气温），混凝土强度达到 0.1～0.3MPa 后，即可提升 3～5 个千斤顶行程。试提升的速度应尽量缓慢均衡，并对模板结构和液压系统进行一次全面检查。待一切正常后，即继续浇筑。每浇筑 25～30cm 高度，提升 3～5 个行程，直到混凝土表面距模板上口 5～10cm，即转入正常滑动。而后，便可继续绑扎钢筋、浇筑混凝土、提升模板，如此循环操作，昼夜不停地连续作业，直到完成建筑物混凝土浇筑为止。

2）模板滑动：模板滑动速度主要取决于混凝土凝固时间和脱模强度、施工时气温及其变化、施工劳动力配备和机械配置情况以及混凝土拌和、运输和浇筑入仓能力等。工程结构为竖直面的滑动模板，混凝土的脱模强度应控制在 0.2～0.4MPa。

3.8.1.3 设计荷载

作用在滑动模板装置上的荷载有静荷载和活荷载两类。活荷载又分为垂直活荷载和水平活荷载。

（1）静荷载：包括模板、围圈、提升架、操作平台、吊架、千斤顶、液压控制台和液压管线等的自重。

（2）垂直活荷载：包括操作人员、施工机具、在操作平台上储存的材料和加工件的重量以及滑动时模板与混凝土间的摩阻力等。

（3）水平活荷载：包括混凝土卸料时所产生的冲击力、混凝土浇筑振捣对模板的侧压力以及风压力等。

滑动模板装置设计荷载数参考值见表 3-19。

3.8.1.4 滑动模板装置总体设计的步骤和方法

在设计滑动模板装置前，应先明确施工的工程内容、施工顺序和区段划分以及施工运输和人员上下交通的方法。

（1）研究结构断面特点。例如，对于拱坝，要研究曲率变化规律，据以设计收分模板；对于溢洪道要研究过流面曲率变化，据以设计滑动轨道。

表 3-19　　　　　　　　　　　　滑动模板装置设计荷载数参考值

荷载名称	荷载系数	标准荷载	说　　　明
木模板及围圈/(kN/m)	1.1	0.35～0.45	
钢模板及围圈/(kN/m)	1.1	0.45～0.65	
操作平台/(kN/m²)	1.1	0.4～0.55	包括桁架、檩木
吊架/(kN/m²)	1.1	0.25～0.4	包括铺板
提升架/(kN/个)	1.1	0.6～1.2	单横梁式
液压千斤顶/(kN/个)	1.1	0.13～0.15	
液压控制台/(kN/台)	1.1	1.5～3	根据油泵大小取用
操作人员/(kN/人)	1.3	0.6～0.8	包括小型工具
平台堆放材料/(kN/m²)	1.3	0.2～0.45	包括钢筋、混凝土、支承杆、预埋件、模板等
模板摩阻力/(kN/m²)	1.1	3	模板滑动时
倾卸混凝土的冲击力			参见《水电水利工程模板施工规范》(DL/T 5110—2013)
新浇混凝土对模板的侧压力/(kN/m²)			参见《水电水利工程模板施工规范》(DL/T 5110—2013)
风荷载/(kN/m²)			参见《建筑结构荷载规范》(GB 50009—2012)

注　此表适用于墙板或筒壁结构；在计算时，应用标准荷载乘以荷载系数。

（2）确定支撑杆和千斤顶的数量。

1）对于墙板与筒壁，滑动模板支撑杆和千斤顶的最少数量 n 可按式（3-1）、式（3-2）确定：

$$n=\frac{P}{NK} \tag{3-1}$$

$$N=\frac{\varphi A[\sigma]}{1000} \tag{3-2}$$

式中　P——滑动模板滑动时的全部静荷载和垂直活荷载；

　　　K——工作条件系数，液压千斤顶取 0.8，螺旋式千斤顶取 0.67；

　　　N——一根支撑杆的允许承载能力，kN；

　　　A——支撑杆的截面积，mm²；

　　　$[\sigma]$——支撑杆的抗压设计强度，N/mm²，HPB235 为 210N/mm²；

　　　φ——稳定系数，可从钢结构计算手册中根据 $\lambda=\dfrac{L_0}{r}$ 查表求得。

支撑杆的计算长度 $L_0=(0.5\sim0.7)L$（L 为支撑杆的自由长度）；r 为杆件直径。采用 $\phi25$mm 圆钢制作的支撑杆，其允许承载能力一般取 15kN。千斤顶的设计起重量一般为 30kN，取安全系数为 2，则实用起重能力为 15kN。

2）钢管支撑杆承载能力和滑升速度的控制。近年来大量出现的大、中吨位滑动模板穿芯式千斤顶，配套使用的是 $\phi48$mm×3.5mm 钢管作支撑杆。因没有足够的试验资料和统一的计算方法，各单位在使用中都是根据自己的经验确定。《滑动模板工程技术规范》(GB 50113) 根据模拟数值计算及实例分析，认为采用较安全的方式来确定 $\phi48$mm×3.5mm 钢管支撑杆的承载力是必要的。

《滑动模板工程技术规范》(GB 50113—2005) 中假定支撑杆在结构体外工作时其上

端被千斤顶上、下卡头所嵌结（半铰状态），下端可自由产生角变位，但不能平移（铰接状态）；当支撑杆在结构体内工作时，则支撑杆的下端将固接于硬化的混凝土中，支撑杆的弯曲部分会延伸至混凝土中，这时混凝土的嵌固强度推定值为 2.5MPa。

因此，ϕ48mm×3.5mm 支撑杆的允许承载力在《滑动模板工程技术规范》（GB 50113—2005）采用式（3-3）计算：

$$P_0 = (\alpha/K) \times (99.6 - 0.22L) \quad (\text{kN}) \tag{3-3}$$

式中　α——群杆工作条件系数；

K——安全系数；

L——当支撑杆在结构体内时，L 取千斤顶下卡头到浇筑混凝土上表面的距离，cm。

当支撑杆在结构体外时，L 取千斤顶下卡头到模板下口第一个横向支撑扣件节点的距离（cm）。

在我国滑模工程的历史上曾发生过两起重大安全事故，通过事故调查和模拟数值分析，认为在施工中支撑杆失稳是导致恶性事故发生最主要的原因，或者说主要是滑升速度与混凝土凝固程度不相适应的结果，因此《滑动模板工程技术规范》（GB 50113—2005）中对新增加的 ϕ48mm×3.5mm 钢管支撑杆滑升速度作出了具体规定。

当 ϕ48mm×3.5mm 钢管支撑杆设置在结构混凝土中，施工中只要保证从模板中点到混凝土强度达到 2.5MPa 处的高度小于 $\dfrac{26}{\sqrt{P}}$，就可保证该支撑杆不会因下部失稳而破坏，由此得出极限滑升速度 V 如下：

$$V = \frac{26.5}{T_2\sqrt{KP}} + \frac{0.6}{T_2} \tag{3-4}$$

式中　T_2——在作业班平均气温条件下，混凝土强度达到 2.5MPa 所需的时间，h；

P——单根支撑杆承受的垂直荷载，kN。

当 ϕ48mm×3.5mm 钢管支撑杆设置在结构体外且处于受压状态时，该支撑杆的自由长度（千斤顶下卡头到模板下口第一个横向支撑扣件节点的距离）L_0（m）不应大于式（3-5）的规定：

$$L_0 = \frac{21.2}{\sqrt{KP}} \tag{3-5}$$

（3）确定千斤顶、支撑杆和提升架的布置方案。

（4）确定操作平台的布置方案和结构形式。

（5）模板的配置和验算。模板的配置，须先选定模板尺寸，除特殊部位外，应尽量选用组合钢模板。

1）模板高度：模板高度的选择与混凝土脱模强度所需的时间和模板滑动速度有关，它们之间的关系按式（3-6）计算：

$$H = tv \tag{3-6}$$

式中　H——模板高度，m；

t——混凝土达到脱模强度所需的时间，h；

v——模板滑动速度，m/h。

如果模板的高度不够或混凝土留在模板内的时间短，脱模太快，则混凝土强度还不足以承受滑模施工荷载，将会造成混凝土下塌现象，甚至造成滑模装置垮塌的严重事故。

模板应有足够的刚度，在水平荷载作用下，其变形应控制在 1/1000 以内。计算钢模板时，混凝土侧压力主要由模板的纵向加劲肋承受，按简支在围圈上的带肋板进行计算。

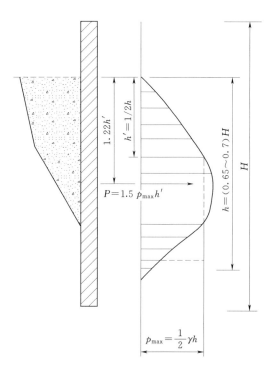

图 3-37　滑动模板侧压力图

2）混凝土侧压力：新浇混凝土对模板的侧压力大小与浇筑上升速度、混凝土配合比和坍落度、浇筑入仓温度、浇筑温度以及振捣方法等有关，很难精确计算。根据滑模施工特点，脱模时混凝土强度达到 $0.2 \sim 0.4$MPa，模板底部的混凝土对模板已不产生侧压力，实际的侧压力分布呈中间大两端为零的曲线，见图 3-37 中实线所示。为简化计算，一般取等效梯形，见图 3-37 中虚线所示，其有关数值建议按式（3-7）计算：

$$p_{max} = \gamma h' = \frac{\gamma h}{2} \qquad (3-7)$$

式中　p_{max}——新浇混凝土对模板的等效最大侧压力强度，kN/m^2；

　　　h——侧压力计算高度（常温时取 $h=0.65H$，低温时取 $h=0.7H$，H 为模板高度），m；

　　　γ——混凝土容重，kN/m^3；

　　　h'——等效侧压力有效压头，取 $h'=\frac{1}{2}h$，m。

根据计算，模板上单宽侧压力的合力 $P=\frac{3}{4}p_{max}h$，合力的作用点距新浇混凝土顶面的距离为 0.61h。

（6）围圈的配置和验算。围圈的形式和构造，应根据提升架的布置方案及围圈的受力情况而选定。作用在围圈上的荷载有模板和围圈的自重、模板与混凝土之间的摩阻力，当操作平台直接支撑在围圈上时，还应考虑操作平台的重量及施工荷载。围圈可按支撑在提升架上的连续梁进行计算。围圈在荷载作用下的侧向变形不应大于支点间距的 1/500。

当提升架间距在 2.5m 以内时，一般采用角钢式围圈；间距如超过 2.5m，为加强围圈的竖向刚度，可将上下围圈用斜腹杆联系，做成桁架式围圈。

（7）选择提升架的型式并进行验算。

（8）液压系统的设计。当采用液压千斤顶时，应进行液压系统的设计。

1）拟定液压系统原理图：首先应对滑模工作情况（如滑模系统的荷载、滑动速度等）进行详细的分析，根据滑模施工对液压系统提出的工作要求，拟定液压系统原理图。一般情况下，千斤顶和输油管路的布置需根据工程情况自行设计。由油泵、电动机和调节装置等组成的液压控制台，已有标准产品。输油管路一般采用分组布置。每组千斤顶的数目以不超过 10 台为宜。油路布置的形式基本上分为两种：一种是分组串联；另一种是分组并联；也可采用主油路并联、分油路串联的方式。

2）千斤顶的需要量：根据施工荷载计算。

3）油泵选择：按油泵的工作压力和流量，选择油泵的型号和台数，油泵的工作压力可按式（3-8）、式（3-9）计算：

$$P_0 = P_1 + \sum \Delta P_2 + \sum \Delta P_3 \tag{3-8}$$

$$P_1 = \frac{G}{F} \tag{3-9}$$

式中　P_0——油泵的工作压力，MPa；

　　　P_1——千斤顶油缸的有效工作压力，MPa；

　$\sum \Delta P_2$——在压力油路（即进油路）中油液流经各种元件的压力损失总和，MPa；

　$\sum \Delta P_3$——在压力油路中油液流经管路的沿程压力损失总和，MPa；

　　　G——千斤顶的荷载，kN；

　　　F——千斤顶油缸面积，mm²。

上述千斤顶的荷载 G，考虑到滑模施工时各千斤顶荷载常因各种因素影响而不均衡，可取用千斤顶的额定荷载。如 HQ-30 型千斤顶额定荷载为 30kN。

油液流经各元件的压力损失 ΔP_2 与元件的种类有关：一般流经换向阀的损失为 $0.2 \sim 0.3$MPa；流经节流阀的损失为 $0.2 \sim 0.25$MPa；克服千斤顶排油弹簧的压力损失为 0.3MPa。

油液流经管路的沿程压力损失 ΔP_3 可按（$P_1 + \sum \Delta P_2$）的 5%~15% 估算。

油泵的最大工作流量可按式（3-10）、式（3-11）计算：

$$Q_0 = KmQ_1 \tag{3-10}$$

其中

$$Q_1 = \frac{VF}{10} \tag{3-11}$$

式中　Q_0——油泵的最大工作流量，L/min；

　　　K——考虑系统中油液漏损的系数，可取 $1.1 \sim 1.3$；

　　　m——同时由油泵供油的千斤顶数量，台；

　　　Q_1——一台千斤顶工作时所需的最大流量，L/min；

　　　V——千斤顶的爬升速度，m/min，可按其技术规格取用，如 HQ-30 型为 0.09m/min；

　　　F——千斤顶油缸面积，cm²。

如果油泵类型已定，也可根据上述流量计算公式计算它所能带动的千斤顶台数。

4）选择阀类：阀的规格是根据流经这个阀的油液最大工作压力和流量来选择。一般所选用的换向阀规格应比系统的工作压力和流量大 20%。

5）油管选择：通常主油管的内径不小于 10mm，分油管内径不小于 6mm。

6）确定油箱的有效容积：

$$V_T = KQ + \sum V_c \tag{3-12}$$

式中　V_T——油箱有效容积，L；

Q——油泵的额定流量，L/min；

$\sum V_c$——各千斤顶的最大存油量之和，L；

K——时间系数，取 $3\sim 5$min。

（9）绘制各种制作、加工、布置图。

3.8.2　溢流坝面滑动模板

目前，溢流面混凝土浇筑普遍采用滑动模板，其优点是工效高、省材料且混凝土入仓、平仓、振捣也较方便。滑动模板的移动轨迹由固定在两侧闸墩混凝土上的导轨决定，因此，要求导轨的制作、安装精度不应超过溢流面尺寸的允许偏差。浇筑混凝土时产生的混凝土侧压力和浮托力通过模板传递给支撑梁，再通过支撑梁传递到导轨。因此，要求模板、支撑梁及导轨具有足够的强度利刚度、能够承受混凝土的侧压力及浮托力。滑模的牵引方式一般有以下三种：①采用固定在溢流堰顶一期混凝土上的卷扬机，通过钢丝绳牵引模体；②将空心千斤顶固定在溢流堰顶，抽拔固定在模体上的钢筋拉杆而牵引模体；③安装在模体上的液压爬钳沿导轨爬行，牵引模体。滑动模板主要由支撑模板的钢梁、导轨和作为牵引模板滑动的卷扬机（或千斤顶）等组成，其结构见图 3-38。

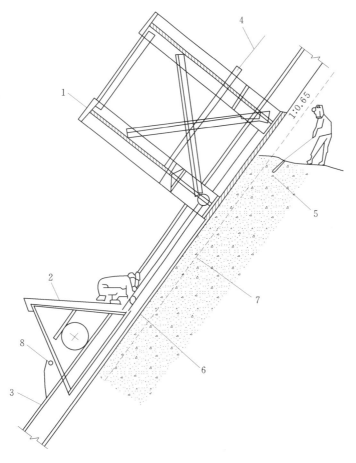

图 3-38　溢流面滑动模板施工结构示意图

1—支撑模板的钢板梁；2—抹面平台；3—导轨；4—拉杆；5—振捣器；6—抹面；7—溢流面钢筋；8—养护水管

潘家口水电站使用的滑动模板（钢板梁滑动模板及其导轮）结构见图 3-39，为板梁结构，全长 19m，面板部分长 18m，宽 1m，面板用 6mm 厚钢板焊在钢桁架下弦。这套滑动模板总重约 7.4t，其主要材料见表 3-20。在陡坡段滑动时，最大牵引力为 12t，用承重 3.5～4.0t 的 HQ-35 型千斤顶或承重 7.5t 的千斤顶牵引。前者用 $\phi25mm$、后者用 $\phi30mm$ 圆钢（经冷拉调直）作拉杆。

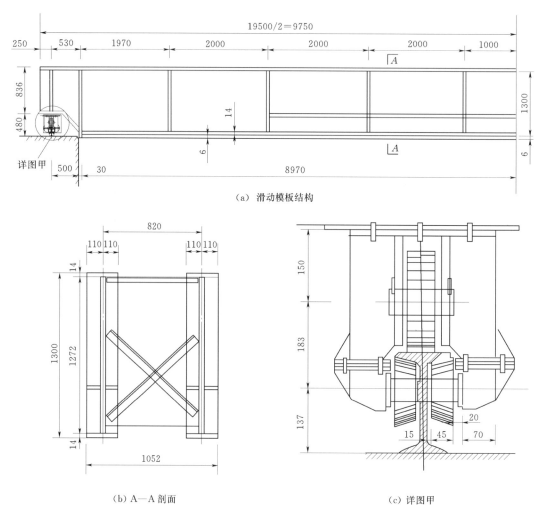

（a）滑动模板结构

（b）A—A 剖面

（c）详图甲

图 3-39　潘家口水电站使用的滑动模板结构图
（单位：mm）

表 3-20　　　　　　　　　潘家口滑动模板主要材料表

名　　称	材料规格 /mm	数　　量	尺　寸 /(mm×mm)	重　量 /kg	备　　注
面板	—6	1	17940×1052	889	
腹板	—8	2	1950×1272	3894	包括纵横肋板
上翼板	—14	1	1950×220	944	

名　　称	材料规格/mm	数　量	尺　寸/(mm×mm)	重　量/kg	备　注
下翼板	—14	1	20058×220	970	
连接杆	∠60×6			418	横、斜杆
拉环	—40	4	180×60	14	
拉环轴	φ30	4	100mm	3	
上轮	φ200	4	厚60mm	59	
下轮	φ150	8	厚50mm	55	
上轮架	—20	4		58	
下轮架	—10	8		75	
上轮轴	φ50	4	150mm	9	
下轮轴	φ50	8	50mm	20	
合计				7408	

潘家口水利枢纽大坝溢流面采用液压爬钳牵引的滑模施工（见图3-40），并采用了真空作业。

3.8.3　墩和墙的滑动模板

用于墩、墙的滑动模板结构形式见图3-41。

拉西瓦水电站进水塔紧靠右坝肩布置，进水塔型式为岸塔式，其基础坐落在微风化的花岗岩上，岩体坚硬完整。6个进水塔呈台阶式布置，进水塔前缘总长138.0m，顺水流方向长29.0m。每个进水塔断面尺寸为23m×29m，拦

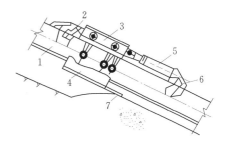

图3-40　溢流面液压爬钳滑动模板结构图
1—轨道；2—上爬钳；3—端架；4—模体；
5—油缸；6—下爬钳；7—脱水装置

污栅由2个边墩和3个中墩分为4孔，单孔净宽3.5m，中墩断面尺寸为5.0m×1.8m，栅墩之间设两道横向联系梁和横向联系板，栅墩与进水塔之间设纵向联系梁。为了保证施工质量及加快施工进度，在进水塔门楣以下混凝土浇筑完成后，利用埋件和插筋焊制滑模施工所需模体支架组装模体。滑升过程中根据结构尺寸变化对模体做相应调整改装。门槽预埋插筋采用预埋钢板条方法解决，在滑升过程中进行预埋（不凸出混凝土表面），脱模后利用模体下悬挂的辅助盘对二期混凝土面进行及时凿毛处理。进水塔塔身滑升施工与拦污栅墩滑升施工同样采用分开各自独立滑升的方法施工，具体见图3-42～图3-44。

3.8.4　拱坝滑动模板

茑子水拱坝工程滑动模板施工中，按拱坝分段的柱状块一次组装好滑动模板，连续或分阶段浇筑混凝土直至坝顶，见图3-45。模板装置需在滑升的过程中调节曲率和尺寸，以形成拱坝外形。

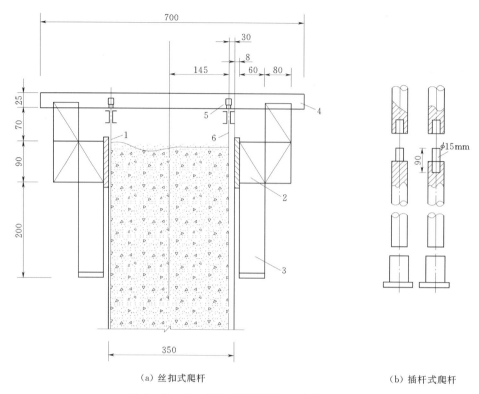

（a）丝扣式爬杆 （b）插杆式爬杆

图 3-41 墩、墙滑动模板结构（单位：cm）

1—模板；2—桁架围檩；3—吊架；4—提升架；5—千斤顶；6—爬杆

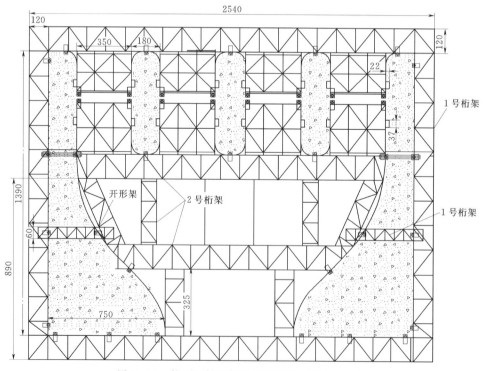

图 3-42 拉西瓦拦污栅滑模平面图（单位：cm）

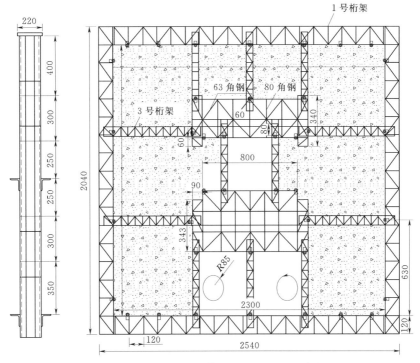

图 3-43 拉西瓦进水塔塔体滑模平立面图（单位：cm）

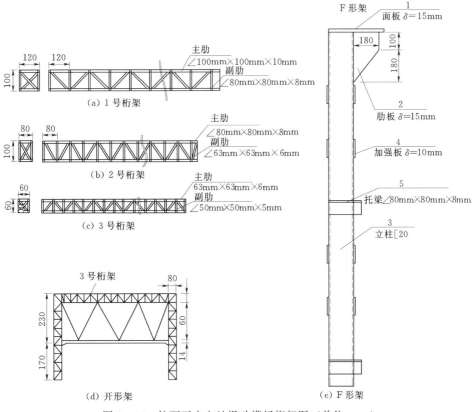

图 3-44 拉西瓦水电站滑动模板桁架图（单位：cm）

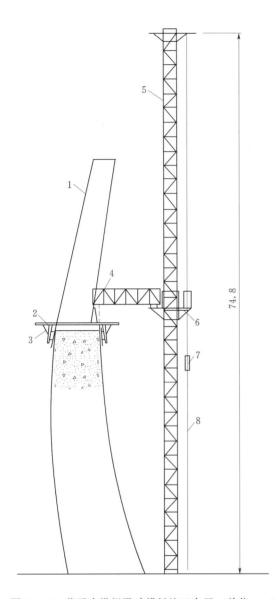

图 3-45　苇子水拱坝滑动模板施工布置（单位：m）

1—坝块轮廓线；2—工作平台；3—曲率模板

及收分机构；4—跨空栈桥；5—升高塔；

6—随升吊桥；7—电梯；8—软滑道

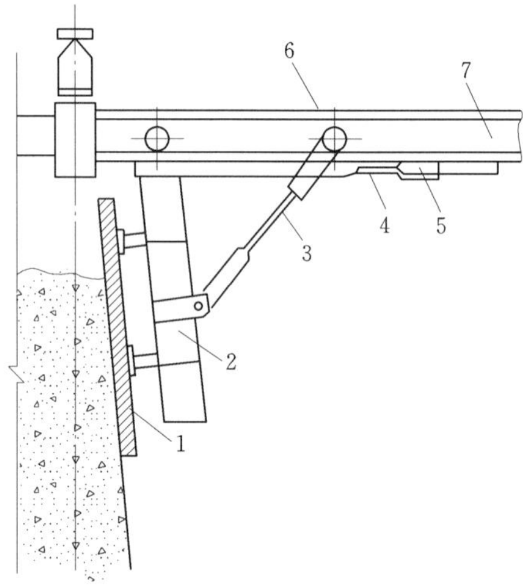

图 3-46　双曲拱坝的滑动模板形式图

1—固定模板；2—变曲率支架；3—调坡丝杆；

4—收分丝杆；5—丝杆螺母；6—轮子；

7—辐射梁

　　双曲拱坝的滑动模板形式见图 3-46，其模板由固定模板和收分模板见图 3-47（俯视图）。

　　变曲率支架通过其翼板与模板的围圈相连，并和收分模板连接在一起。在收分模板围圈和翼板上均留有长 11cm 的伸缩槽，用销钉将两者连接起来，其收分模板围圈可沿此槽在翼板上滑动。翼板上装有固定模板，由此改变固定模板与收分模板之间距离，即改变曲率半径与弧长，达到收分（伸缩）的目的。

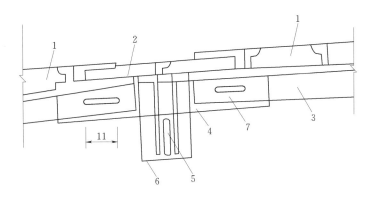

图 3-47 固定模板和收分模板（单位：cm）

1—收分模板；2—固定模板；3—围图；4—翼板；5—变曲率支架；

6—支撑板；7—伸缩槽和销钉

收分丝杆与变曲率支架相连接（图3-47）。当扭动收分丝杆时，变曲率支架便沿辐射梁移动，由此带动固定模板、围图移动。同时，也带动收分模板与固定模板相对移动，使水平面上的曲率半径与弧长发生变化。双曲拱坝平面曲率变化及模板收分见图3-48。

上述施工方案，适用于中等高度的薄拱坝或拱围堰，也可用于挡土墙工程。装置一套滑模，约需19t钢结构、30t爬杆以及提升设备（60只千斤顶）。

3.8.5 竖井滑动模板

由于竖井一般较高，施工难度大，采用常规立模分层浇筑施工进度慢，且混凝土质量难以保证。而采用滑模施工则经济实用、速度快、操作方便、结构简单并能及时抹面便于消除气泡、麻面及错台，使混凝土表面光洁、平整，因而在竖井混凝土施工中采用液压滑模一

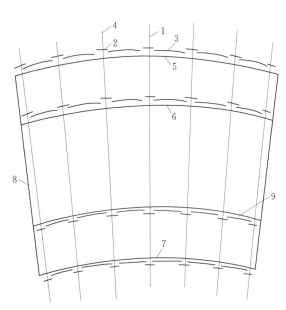

图 3-48 双曲拱坝平面曲率变化及模板收分示意图

1—三角形变斜率支架；2—翼板及固定模板；3—围图及收分模板；4—辐射梁；5—收分前上游坝面轮廓线；6—收分后上游坝面轮廓线；7—收分前下游坝面轮廓线；8—坝块横缝；9—收分后下游坝面轮廓线

般用 ϕ48mm×3.5mm 的钢管作为爬杆，爬杆又作为主筋使用。

竖井滑模主要由模板系统、操作平台系统、液压提升体系等组成。

滑模施工前必须提前做好井口提升系统、井内供电、供水、施工照明系统的布设及滑模液压系统的调试等工作，并完成操作盘和分料管的承重及抗冲击能力试验测试。

竖井滑模施工方法见图3-49。竖井滑模结构见图3-50。

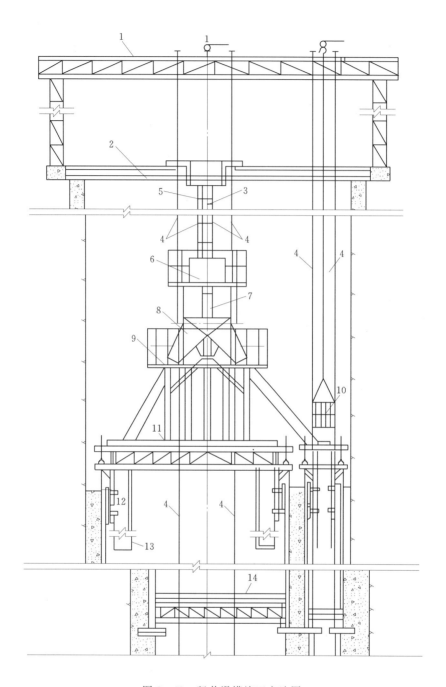

图 3-49 竖井滑模施工方法图

1—井口提升架；2—井口平台；3—塑料膨胀管；4—稳绳；5—抱箍；6—缓降漏斗；

7—溜槽；8—回旋分料机；9—分料机平台；10—载人吊笼；11—操作平台；

12—模板系统；13—悬吊脚手架；14—防护平台

（1）典型竖井滑模。典型的竖井滑模，既有结构简单的圆形、矩形内壁滑模，如调压井、引水竖井、闸门井等，又有结构稍复杂，中间增加了隔墙或其他构造的电梯井、出线

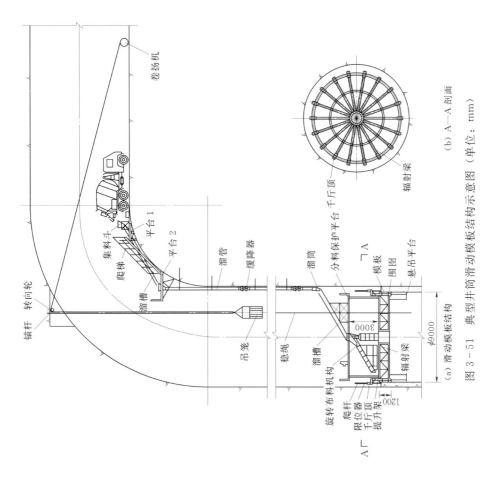

图 3-51 典型井筒滑动模板结构示意图（单位：mm）

(a) 滑动模板结构

(b) A—A 剖面

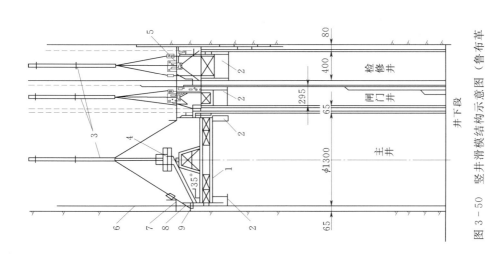

图 3-50 竖井滑模结构示意图（鲁布革
水电站调压井）（单位：cm）

1—桁架式工作平台；2—悬吊平台；3—下料软管；4—回转分料斗；
5—分料斗；6—钢筋；7—钢筋平台；8—$\phi32mm$
支撑杆；9—油压千斤顶

井滑模，也有包括了内外模的进水塔滑模等。其典型的结构与系统布置见图 3-51，系统布置中，应充分考虑钢筋吊运、混凝土输送、人员通道、升降吊笼、平台、井架等配套设施的设计及安全技术措施要求。

图 3-51 示为直径 9m 的井筒滑模，仅衬内壁，结构较为简单，圆周均布 18 台 QYD-60 型液压千斤顶，在一般中小型井筒滑模中，与提升架相连接的桁架梁大都采用从中心沿半径向外辐射状布置，称为辐射梁。

较大断面的井筒滑模，主平台布置除辐射式桁架外，还有井字式布置、平行式布置、挑架式布置等多种形式。

（2）悬吊式液压滑动模板。如前所述，普通滑动模板千斤顶爬升杆是埋在混凝土里，随着滑动模板上升而逐根连接，爬杆受压，而悬吊式滑动模板不是这样，云南小湾水电站尾闸室悬吊式液压滑动模板见图 3-52，矩形滑动模板 3.6m×12m，在井口布置 18 台 QYD-60 型液压千斤顶，以 φ48mm 钢管作爬杆提升模板本体上升，从常规的压杆式滑动模板转变为拉杆式滑动模板施工。没有爬杆和提升架的干扰，钢筋一次绑扎完成，实现单一工序作业，便于施工管理和质量控制，爬杆可以回收。

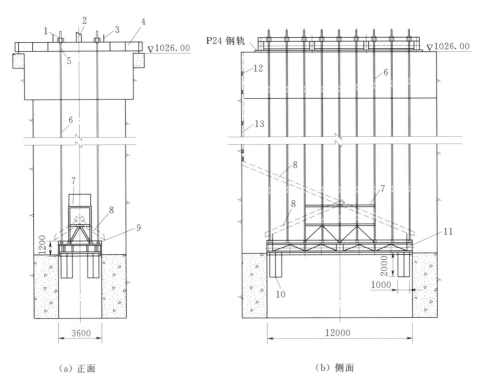

（a）正面　　　　　　　　　　（b）侧面

图 3-52　云南小湾电站尾闸室悬吊式液压滑动模板结构图（单位：mm）
1—千斤顶；2—液压泵站；3—护栏；4—井口平台；5—限位器；6—吊杆；7—分料平台；8—溜槽；
9—模板；10—抹面平台；11—主框架；12—缓降器；13—溜筒

（3）倾斜滑动模板。缅甸邦朗水电站引水竖井，衬后 φ7.7m，有 5°倾角，由于设计选用竖井常用的 QYD-60 型液压爬升千斤顶为爬升动力装置，故也将其归于竖井滑动模板一类，其结构见图 3-53，从图 3-53 中看出，主要结构设计与典型滑动模板基本相同，各层平台仍然水平布置，为了保证沿倾斜洞轴线滑升的准确，设置了三条导向轨道，根据重心偏移的特点导向轮高度错开，有效防止模板结构体系倾斜。

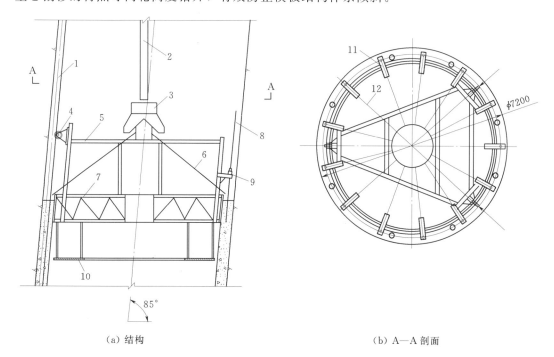

（a）结构　　　　　　　　　　　　　　　　　　（b）A—A 剖面

图 3-53　缅甸邦朗水电站滑动模板结构图（单位：mm）

1—导轨；2—混凝土溜管；3—旋转分料器；4—导向轮；5—上平台；6—溜槽；7—主平台；
8—爬杆；9—千斤顶；10—抹面平台；11—提升架；12—辐射梁

（4）混合式滑动模板。一般滑动模板只适用于混凝土结构较规则的场合，滑动模板要能顺利无阻碍地向上滑升，要求混凝土结构的内外壁面竖向壁直，但有的水工工程结构不是这样，比如湖北水布垭电站和重庆彭水水电站的母线井，井壁两侧每相距 3m 有牛腿外伸，左右交错布置，见图 3-54，显然，很难用普通滑模进行浇筑，混合式滑模综合利用竖井滑模和滑框翻模技术于一体，成为竖井混凝土衬砌的又一种模板形式，仅牛腿部分翻模立模，减小了全部翻模的工作量和劳动强度，其结构见图 3-55。

（5）筒形模。筒形模（又称筒子模）结构简单，也用于竖井混凝土成形衬砌，模板几部分之间以转动铰相连，转角处为转动铰模，通过模板内部的两组撑杆调节，实现脱模和立模，可以组装完成后再运到现场就位立模。此类模板仅适用于断面较小的竖井，模板高度在 3m 内较为适宜，模板下部底盘 4 个支腿，支撑模板就位，由于是整体式钢模板，面板清扫方便，混凝土成形表面平整、光洁。模板须由外部起重设备提升。

3.8.6　斜井滑动模板

斜井滑动模板的研制与应用是从广州抽水蓄能电站斜井混凝土施工开始的，其原理与平洞针梁模板相似，属间断式滑动模板。在此基础上，在浙江天荒坪抽水蓄能电站斜井混凝

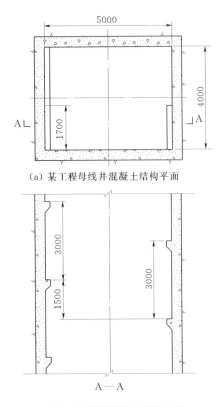

（a）某工程母线井混凝土结构平面

（b）某工程母线井混凝土结构立面

图 3 - 54　某工程母线井
混凝土结构图
（单位：mm）

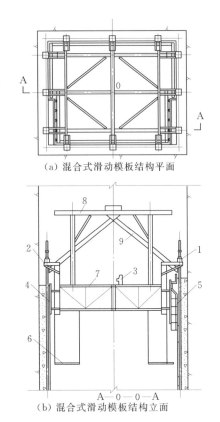

（a）混合式滑动模板结构平面

（b）混合式滑动模板结构立面

图 3 - 55　混合式滑动模板结构图
1—千斤顶；2—提升架；3—液压泵站；4—滑动
模板；5—翻模模板；6—抹面平台；7—主平台；
8—分料平台；9—溜槽

土施工时，自行研制出斜井滑动模板并成功应用，以后在湖北水布垭、广西的龙滩水电站得到推广应用。在三峡水利枢纽工程船闸输水系统的斜井施工中，滑动模板技术又发展到斜井变径滑模，使斜井滑动模板技术得到一个提升。正是由于这些模板技术的发展，使得斜井的混凝土施工达到了一个较高水平，经过 20 多年的施工实践，滑动模板已是陡倾角斜井混凝土衬砌施工成熟的技术。因此，倾角不小于 45°的斜井钢筋混凝土衬砌施工应优先采用滑动模板施工方式。滑动模板牵引方式宜采用连续式拉伸式液压千斤顶抽拔钢绞线，也可采用卷扬机、爬轨器等。倾角小于 45°的斜井钢筋混凝土衬砌施工，可采用移动式钢模台车，也可采用滑动模板，如在小湾水电站倾角为 32°，城门洞形（宽×高＝5.2m×6.496m）断面，长442.5m 的出线洞混凝土衬砌施工中采用了全断面滑动模板方案，取得了缓倾角长斜井混凝土滑动模板施工日最快滑升 4.89m，月最大滑升 96.21m 的好成绩。

（1）模板规划。斜井混凝土衬砌，是隧洞混凝土施工的难点之一，其难点在于模板技术，特别是大直径、长斜井，模板问题曾一度制约着工程进度和质量要求。

斜井衬砌模板，以全断面滑动模板为最佳，从 20 世纪 90 年代初期开始，较为全面、值得信赖的斜井滑动模板技术开始应用于工程施工，经过十几年来的不断探索与创新，斜井滑动模板技术逐步成熟，结构方案趋于定型，配套技术日益完善。

（2）斜井滑动模板的分类和特点。斜井滑动模板的分类和特点见表 3-21。

表 3-21　　　　　　　　　　　　斜井滑动模板的分类和特点表

类　型	名　称	特　点
全断面滑动模板	间歇式滑动模板	采用两套牵引机构，中梁和模板交替移动
	连续式滑动模板	整体式结构，连续式滑升
	变径滑动模板	斜井断面高度变化
分部式滑动模板		隧洞分为两部分滑升浇筑，接缝处的处理须特别注意
钢模台车	多功能滑动模板	属整体移置式钢模台车，在平洞和斜井中均能使用

1）间歇式斜井滑动模板。

①间歇式斜井滑动模板结构原理：简单地说，滑动模板主体结构由中梁系统和模板系统两大部分组成，模板系统包括上平台、浇筑平台、主平台、模板、抹面平台和支撑架；而中梁系统包括中梁、前后锁定架和前后行走轮。中梁系统是一个支撑体系，主要提供牵引模板的液压爬升驱动装置的爬升轨道，并且是通行于各层平台的唯一通道。模板系统是操作体系（见图 3-56）是负责钢筋绑扎，混凝土分料入仓振捣，抹面修复，保养及全部

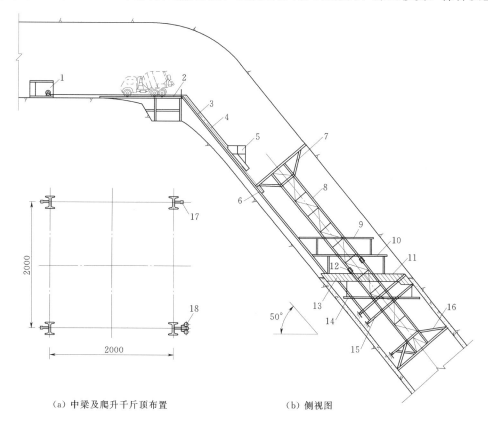

　（a）中梁及爬升千斤顶布置　　　　　　（b）侧视图

图 3-56　间歇式斜井滑动模板示意图（单位：mm）

1—液压卷扬机；2—井口平台；3—轨道；4—中梁爬升钢缆；5—送料车；6—钢缆爬升千斤顶；7—上锁定架；
8—中梁；9—上平台；10—浇筑平台；11—主平台；12—模板千斤顶；13—模板；14—抹面平台；
15—模板支撑架；16—下锁定架；17—爬升杆；18—2510-40 型爬升千斤顶

混凝土施工控制操作的工作场所，正常滑升时，中梁系统全部锁定不动，模板系统由液压爬升器牵引向上滑升，当滑到前锁定架时，停滑，然后固定模板系统不动，收起中梁的前后锁定架，在另外一组液压千斤顶的牵引下使中梁向上爬升，到达新的位置锁定，接着进行下一阶段滑升浇筑。该型滑动模板中梁长达 30m，每次连续滑升距离为 12.5m，属于周期间歇性滑模，每滑 12.5m 就要提升中梁，混凝土面需凿毛处理。在广州抽水蓄能电站引水斜井（衬后直径 8.5m，倾角 50°）施工中，曾创出最高日滑升 9.8m，月滑升 149m 的好成绩。

②动力装置：模板系统滑升采用 4 台 2510-40 型液压爬升器，这是一种类似液压爬钳的液压千斤顶。从爬升器布置图可以看到，在中梁四周布置有 4 条 40mm×40mm 的爬杆，爬升器就牵引模板系统沿爬杆向上滑升。而中梁的提升是通过 4 台 T15 钢缆千斤顶来实现，T15 液压千斤顶安装在中梁前端前锁定架下边，钢缆（即钢绞线）锚固在井口平台上，两种规格 8 台千斤顶共用一套液压泵站，泵站布置在滑模平台上，便于就地观察操作。

2）连续式斜井滑模。

①主体结构：连续式斜井滑动模板结构见图 3-57。滑模本体结构以中梁为核心形成整体，中梁中心与洞轴线重合，前后设置行走轮，前轮在斜井轨道上，后轮在混凝土面，

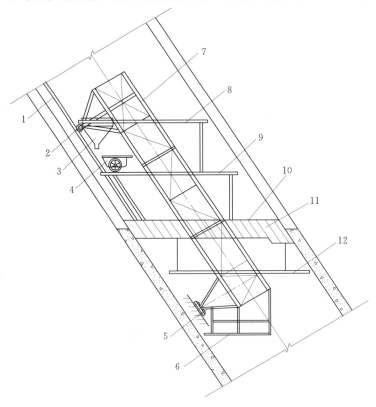

图 3-57　连续式斜井滑动模板本体结构图

1—轨道；2—前行走轮组；3—混凝土集料斗；4—分料小车；5—后行走轮组；6—尾部平台；
7—中梁；8—上平台；9—浇筑平台；10—主平台；11—模板；12—抹面平台

依附中梁设置了多层工作平台。总体上看，结构紧凑，总重量不到间歇式滑模的2/3。由于全部结构合为一个整体，所以操作运行也远比间歇式滑模简单，只要选用配置合适的滑升驱动装置，就可以不间断地连续滑升，完成整条斜井的混凝土衬砌。工作平台从上而下分别是上平台、浇筑平台、主平台、抹面平台和尾部平台，上平台是混凝土和钢筋卸料平台，施工人员从送料车上下来也首先到达上平台，混凝土集料斗、液压泵站控制系统、钢筋堆放场均在此平台；浇筑平台周边布有8～10个混凝土卸料口和溜槽、溜管，作业人员用手推车接料后送至各处卸料口入仓；模板上口的椭圆形水平面形成主平台，这里是绑扎钢筋、混凝土平仓振捣的工作面，模板就安装在主平台周围；抹面平台用于进行混凝土修补抹面和养护；尾部平台较小，是滑动模板操作运行人员更换尾部混凝土面行走轮下的槽钢轨道垫时使用的工作平台。目前，此种类型的斜井滑动模板已基本成熟，滑动模板本体结构设计方案基本相同，在多个工程不同断面的斜井施工中广泛应用。

②动力装置：连续式斜井滑模的动力装置曾经是困扰滑动模板设计的难题，10多年前，国内找不到可用于斜井滑动模板的合适的动力装置，国外信息也不多，而且进口机械产品价格昂贵，一般工程难以承受。近年来，随着经济改革进一步发展，对外技术引进消化吸收的逐步深入，一些工程技术已开始成功移植到水利水电工程施工中来，一些特殊的动力装置也开始有专业厂家专门生产，可供斜井滑模设计时选用。

3）几个工程实例。

①浙江天荒坪抽水蓄能电站斜井滑动模板。该斜井成洞直径7m，倾角58°，是国内研制的连续式斜井滑动模板的首次实践，配套研制了P38型液压爬升器，这是一种在斜井P38轨道上爬行的动力装置，在滑动模板前行走轮的前后各布置1台，左右共4台同时工作带动滑动模板向上滑升，施工中该滑模创了最高日滑升12.08m和月滑升227m的高纪录。由于轨道到模板中心（即洞轴线）距离有3m左右，即牵引力与受力中心不重合，故爬升时产生很大的偏心力矩，使滑动模板头部有上抬现象，需要采取措施克服；另外，P38轨道硬度太大，爬升器夹爪磨损过快，使爬升器维护、检修、更换夹爪工作频繁。因此，对斜井滑动模板而言，在轨道上配备此类爬升器并不十分理想。

②龙滩水电站引水隧洞斜井滑动模板。该斜井成洞直径10m，倾角50°，是目前最大的斜井滑动模板。采用4台TSD40型液压千斤顶为牵引动力装置，每台千斤顶额定拉力400kN，用钢绞线4根，共16根，4台千斤顶分4点布置（图3-58），钢绞线锚固在井口钢横梁上。此种布置，受力合理，滑动模板滑升平稳、可靠。

③桐柏抽水蓄能电站斜井滑动模板。该斜井成洞直径9m，倾角50°，选用两台连续拉伸式液压千斤顶为牵引动力装置，千斤顶额定拉力1000kN，钢绞线为1×7标准型，公称直径15.2mm，每束钢绞线9根，共用钢绞线18根。钢绞线固定端通过钻孔、注浆锚固在上弯段顶拱围岩中。这也是一种合理的布置形式，实际施工应用也非常成功。

现在，广泛应用于预应力锚索，张拉工程的钢绞线锚固体系，大型物体的起重提升系统都有多种型号，多种规格的液压钢绞线千斤顶、锚具等相关机具由专业厂家制造生产，水工模板设计时，动力装置配套又多了许多选择余地。

（3）斜井滑动模板配套系统。长斜井滑动模板施工，其相关系统的布置、设备选型和

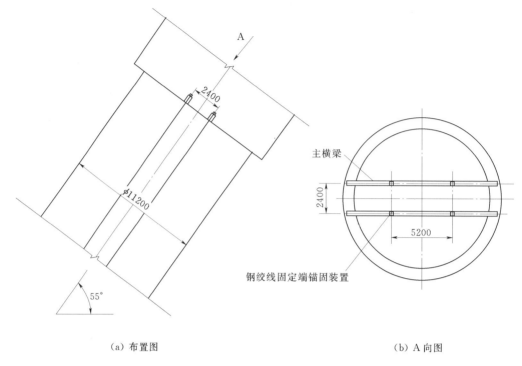

<table>
<tr><td>（a）布置图</td><td>（b）A 向图</td></tr>
</table>

图 3-58 龙滩水电站滑动模板井口钢绞线锚固布置（单位：mm）

配套设计十分重要，是高效、安全、快速施工所必不可少的一环。

1）轨道：斜井滑动模板施工，需铺设轨道，既是滑动模板本身运行、导向所必须，又是送料车运行所必须，轨道可选用 P38 型重轨，安装时要加固牢固，安装后，一般应浇条形混凝土基础，滑动模板和送料车运行时不致变形，垮塌，确保这一施工、输送"生命线"畅通。

2）送料车：斜井运输系统是滑动模板施工的生命线，所有的混凝土、钢筋和施工人员上下均要由该系统输送，送料车设计需要考虑载人舱，$2m^3$ 左右混凝土料仓，钢筋堆放平台和施工人员上下楼梯。

3）卷扬机：送料车牵引卷扬机是本系统关键设备，长斜井施工时，要求平均线速度不能低于 40m/min，并有可靠的制动机构，该卷扬机长时间运行，每天 24h 不分昼夜都在浇筑施工，其工作负载持续率很大。一般选用国产电动、机械卷扬机，牵引力 10～15t，有定型产品，也可根据要求定制。更好的是全液压卷扬机，运行速度 0～60m 无级调速，但进口价格高昂。

4）井口平台：井口平台设置在斜井与上平洞转弯处，用型钢、钢管、钢板等现场制作，这是钢筋、混凝土下料处，需要承受混凝土罐车、载重车的重压，根据系统设计的不同，还可能有送料车卷扬机钢丝绳导向轮，钢绞线锚固梁等固定在井口平台上。设计井口平台时要考虑这些荷载要求。

（4）滑三角体。滑动模板施工时，混凝土仓面是水平的，符合现浇混凝土是半流态物质的特点，如衬后斜井是圆形隧洞，则水平仓面是椭圆形。斜井的上下都各有转弯段，浇转弯段时，往往希望接合面垂直于洞轴线，便于转弯段立模，而滑动模板的水平仓面，使滑升后的混凝土与理想接合面之间出现一个三角体的空白区域（见图 3-59），一般情况下，这个三角体会在斜井衬砌后用小模板补浇，必然需要人工操作，现搭满堂脚手架，工作量很大，在上弯段也是同样的道理，只是上弯段补三角体时更麻烦，需要考虑施工平台等多方面因素。

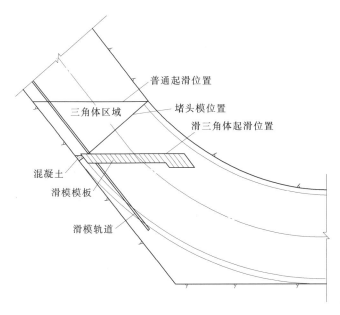

图 3-59　滑三角体示意图

其实，只要充分认识滑动模板的原理和构造，是可以用滑动模板本身来解决这一难题的，那就是——滑出三角体。滑出三角体的方法很简单：在下弯段（上弯段同样）将直线轨道向下延长，滑动模板后行走轮先换用轨道行走轮，在接合面造两圈锚杆，作为固定支撑堵头模板之用，然后开始起滑，边滑升边封堵头模，待后轮开始进入混凝土面时，再换成混凝土面行走轮。随即进入全断面正常滑升，整个过程连续不断，一气呵成。

（5）斜井变径滑动模板。三峡水利枢纽工程永久船闸地下输水斜井共 16 段，长度不一，在 35m 左右，斜井倾角约 57°，隧洞断面（径向）高度不断变化，从 5m 变化到 5.4m，上大下小呈喇叭状。对该斜井采用全断面变径滑动模板施工。三峡水利枢纽工程全断面变径滑动模板见图 3-60。

模板分为两部分：下边墙和底拱为一部分；顶拱和上边墙为另一部分。边顶模板紧套着底拱模板，在边墙部位重叠 400mm，与斜井高度变化值相同，两部分模板在滑升时各自独立进行，但须配合保持每次上滑距离基本相等。中梁为渐变截面，上下有轨道，上部轨道与顶拱母线平行，下部轨道与底拱面平行，两部分模板就各自依附轨道滑升，中梁长 14.7m，模板有效行程 6m，显然，这是一种周期间歇性滑模。

1）动力装置：模板滑升时用 4 台液压千斤顶，上下部分模板各两台，钢绞线锚固在井口洞顶，中梁提升用 8t 卷扬机 1 台，布置在斜井上平洞。此斜井全断面变径滑动模板在施工中取得成功。

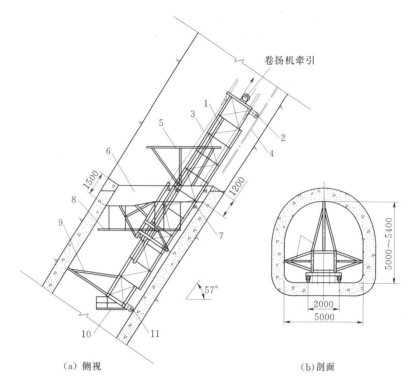

（a）侧视　　　　　　　　　（b）剖面

图 3 - 60　三峡水利枢纽工程全断面变径滑动模板图（单位：mm）

1—中梁；2—前行走轮；3—牵引钢绞线；4—前轮轨道；5—上平台；6—模板组；7—模板行走轮；

8—抹面平台；9—尾部锁定架；10—尾平台；11—后行走轮

2）施工工艺及方法：为了保证斜井滑动模板的安装与拆除，斜井滑动模板混凝土浇筑是在其下部洞段衬砌混凝土未施工的条件下进行的，这样就能给滑动模板安装与拆除提供足够的空间。由于斜井与水平面有夹角，在使用滑动模板进行浇筑混凝土斜井下部形成一三角块，而且其三角块也是利用滑动模板进行滑升施工。因此，下部三角块混凝土施工的难度比较大，施工中应根据现场实际情况及时调整初次滑升时的滑升速度。

3）斜井滑动模板安装：首先按滑动模板安装的要求施作天锚、地锚，利用汽车吊及天锚、进锚进行安装，滑动模板各部件的安装顺序如下：①滑动模板中梁倒运安装。②滑动模板中梁前后支腿安装。③各平台梁、柱安装。④模板安装、液压系统安装、钢绞线安装；模板上的液压爬升千斤顶应在模板安装结束并调整好位置后再行安装，要求位置准确。钢绞线安装时应从下向上安装，通过模板上的液压爬升装置，用人工牵引使之固定在上部锚固装置上。⑤滑动模板就位、调试。滑动模板起滑前，必须将4台液压千斤顶调整到隧洞径向的同一断面上，保证千斤顶工作的统一性和一致性。

4）斜井滑动模板施工准备：斜井滑动模板混凝土施工前的准备工作，主要包括：建基面准备、轨道安装、滑动模板就位、起始端部模板安装等。另外，在滑模起滑前还应做好各种故障发生的处理措施和应急预案，保证在发生各种故障后及时进行处理，确保混凝土的施工质量及施工安全。

①建基面准备。在引水斜井滑动模板安装前，采用全站仪对整条斜井进行一次全面系

统的欠挖情况检查，并经过初测和复测，准确、细致的全面掌握超欠挖情况。如有欠挖必须进行处理，采取静爆剂多孔小药量爆破挖除，并经复检和验收合格后方可进行滑动模板安装。

②轨道安装。首先施作插筋，浇筑轨道混凝土基础，安装工字钢作为其轨道。从龙滩、小湾引水隧洞斜井滑模工程实践，混凝土基础做了滑动模板精准定位，混凝土质量较好，而采用型钢加固，在特大断面斜井混凝土施工中，容易出现偏差，给滑动模板带来困难。轨道安装时需保证位置准确及轨道无扭曲现象，方能使滑动模板台车顺利运行，保证斜井体形尺寸满足设计要求。

③滑动模板就位。滑动模板在安装完毕且经过检查验收合格后，运行至起滑位置进行就位，并进行适当加固，施工操作平台搭设及相关辅助设施的准备完毕后，即可进入下一步施工工序。

④起始端部模板安装。起始端部堵头模板用 30mm 厚木板现场进行拼装，背管采用 ϕ48 钢管（加工成圆弧形），支撑系统均采用 ϕ12 拉筋与锚杆或插筋进行焊接连接的内拉方式为主。堵头模板可在混凝土浇筑过程中安装，靠近内侧的堵头模板应离混凝土设计线 5～10mm，以便台车滑出不会与堵头模板产生摩擦，以免对混凝土产生扰动。

5）斜井滑动模板混凝土施工。

①滑动模板起滑条件。斜井滑动模板施工工作面在具备以下条件后方可滑升模板：第一，混凝土强度达到 0.2～0.3MPa 时；第二，检查模板与围岩周围有无连接情况，起滑前必须断开；第三，检查爬升液压系统和行走系统是否正常。在同时满足上述条件的情况下，方可滑升模板。

②滑动模板混凝土施工。模板滑升应遵循"多动少滑"的原则进行。即采用相对较多的滑升次数和较小的滑升距离，每次滑升的间隔时间控制在 60min 以内，防止间隔时间过长导致滑升阻力增大。

③混凝土浇筑与滑升。考虑到混凝土入仓方式采用溜管和溜槽，其坍落度可控制在 12～16cm 为宜。当混凝土强度达到 0.2～0.3MPa 时，模板即可进行滑升。滑升时，利用安装在中梁上的 4 只液压爬升器进行爬升牵引。液压爬升千斤顶的最大行程为 100mm，故每次滑升距离可控制在 50～100mm，并将每次滑升间隔时间控制在 60min 以内，以防止时间过长导致滑升阻力过大，同时又能使出模后能方便地抹面。正常情况下，模板滑升速度为 5.0～6.0m/d 较为适合（冬季取 5.0m，其余季节取 6.0m）。在滑动模板过程中，应有滑动模板施工经验丰富的专人观察和分析混凝土表面，确定合适的滑升速度和滑升时间，滑升过程中能听到"沙沙"声，出模的混凝土无流淌和拉裂现象；混凝土表面湿润不变形，手按有硬的感觉，指印过深应停止滑升，以免有流淌现象，若过硬则要加快滑升速度。

④滑动模板的控制及纠偏。

第一，滑动模板采取多动少滑的原则，技术员经常检查中梁及模板组相对于中心线是否有偏移，始终控制好中梁及模板组不发生偏移是保证混凝土衬砌体型的关键，必须作为一件重要工作来做。滑升过程中采用塑料管自制的滑动模板水平观察器经常检查模板面是否水平，每滑升 1 次检查 1 次，吊垂球检查模板中心是否偏离了底板轨道中心线，确保滑动模板不偏移。若发生偏移，应及时进行调整，纠偏用爬升器及手拉葫芦联合进行。

第二，在混凝土浇筑过程中，滑动模板每滑升 5.0m，测量检查 1 次已成型混凝土的断面体型和轴线偏差，确保隧洞各参数符合设计要求。

第三，在中梁不动的状态下始终用 2 只 5t 手动葫芦将中梁与底板轨道及插筋相连，防止中梁前端向上翘起。

第四，保证轨道不发生位移，如果轨道间距产生位移，及时采取措施进行校正，防止行走轮组跳轨。

第五，模板制作安装的精度是斜井全断面滑动模板施工的关键，必须确保精心制作和安装。模板滑升时，应指派专人经常检测模板及牵引系统的情况，出现问题及时发现并向班长和技术员报告，认真分析其原因并找出对应的处理措施。

第六，混凝土浇筑过程中必须保证下料均匀，两侧高差最大不应大于 40cm。当下料原因导致模板出现偏移时，可适当改变入仓顺序并借助于手动葫芦对模板进行调整。

⑤滑动模板停滑处理原则。滑动模板停滑包括正常停滑及特殊情况下的停滑。正常停滑指滑动模板滑升至预定桩号停滑，特殊情况下的停滑包括出现故障及其他因素引起的停滑。停滑后，在混凝土达到脱模强度时，将模板全部脱离混凝土面，防止模体与混凝土粘在一起，并清理好模板上的混凝土，涂刷脱模剂。因特殊情况造成的停滑，混凝土面按施工缝要求进行处理。

6）斜井滑动模板施工经验。龙滩水电站引水斜井滑动模板采用爬升钢绞线式滑模，滑动模板直径达 10m，使用时段在 2004 年 6—12 月，是国内最早使用该技术。在斜井滑动模板施工中，先不浇筑下弯段，下部三角体也采用滑动模板与井身段一起浇筑成型，避免了下弯段传统立模方式，节约了时间、降低了成本，值得其他工程借鉴。通过对龙滩水电站引水大断面滑动模板施工总结出以下经验：

①在长度小于 100m 斜井滑动模板施工中，采用模板组与中梁同时滑移的方式比较适宜，在保证滑动模板质量的情况下，简化了滑动模板结构型式和运行；但斜井长度大于 100m 后，宜采用中梁与模板组分别运行的方式，因为钢绞线过长，导致钢绞线有一定的垂度，滑动模板质量难于控制，采用先滑中梁，中梁固定后再滑动模板的方法，质量和安全上更有保障。

②滑动模板轨道和钢绞线定位是控制滑动模板体形和质量的最基本条件，因而在滑动模板施工中，滑动模板轨道应采用刚性的混凝土支墩，钢绞线定位采用支架进行精确固定。

戈兰滩水电站斜井滑模施工中，通过方案比较、结合其他斜井滑动模板的施工经验独立研制成连续拉伸自导向－液压千斤顶斜井滑动模板。该滑动模板具有制作、安装、施工简便、自导向性能强、安全性能高、造价低等优点，适合大中型斜井施工。

液压拉升自导向滑动模板是以液压千斤顶为静止原动力拉升爬杆而牵引滑动模板体，且滑动模板体模板与混凝土形成自动控制滑动模板提升方向的滑模系统。该滑动模板施工具有快速、简便、安全、高效、成型好、造价低廉等特点。

液压拉升自导向斜井滑动模板系统有六部分组成：液压提升系统、拉升杆、滑动模板体、自导向系统、纠偏系统、辅助作业平台，其中前三部分为系统的主体部分。具体布置见图 3－61。

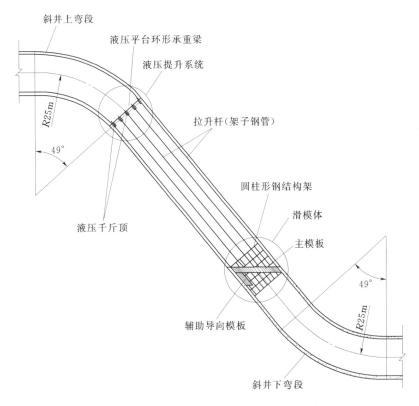

图 3－61 液压拉升自导向斜井滑动模板系统布置图

3.8.7 平洞滑动模板

平洞混凝土采用滑动模板施工，也已有实践尝试。滑动模板装置有许多优点，首先它没有脱模、立模的重复操作，能实现混凝土浇筑的连续作业；其次模板结构为整体，使浇筑成形的混凝土建筑体形规整、统一，而且模板结构重量轻。

平洞混凝土采用滑模施工，其难点在于模板仓面的处理，由于混凝土的流动性，一般情况下，混凝土入仓后，经平仓振捣，混凝土自然流淌，几乎形成水平状，由于没有堵头模板，顶拱很难灌满；若加封堵头模、滑动模板不便进行连续浇筑；如果连续浇筑，混凝土没有分缝，如何防止开裂，如何解决分缝要求；如果顶拱模板太长，存在混凝土被拉裂的问题，顶拱模板太短，混凝土出模时尚未完全初凝，强度较低，顶拱会坍落。怎样解决这些矛盾，是研究的关键。

图 3－62 是一种已经应用于工程施工的平洞滑动模板装置。

施工中，顶拱改设混凝土预制块，以避免混凝土因强度不够而坍落。最快曾达到6m/d的速度。

隧洞不大，城门洞型，断面尺寸为3.2m×3.2m，隧洞先浇了平面底板，铺轨道供滑动模板行走导向；滑动动力装置采用6台普遍用于竖井滑模的 QYD－6 型液压千斤顶，横向放置，沿洞壁安装于车架前方；施工时，混凝土泵布置在滑动模板前面，并与滑动模

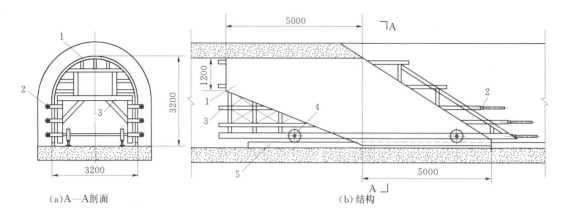

图 3-62　平洞滑动模板装置图（单位：mm）

1—模板；2—液压千斤顶；3—车架；4—行走轮；5—轨道

板有机连接，同步前行，混凝土导管连接到顶拱，混凝土从顶拱入仓向两边分淌。边墙模板与底板之间的小空间用小模板支护对接，局部用木板封堵。

由于这种水平滑动模板存在诸多矛盾和困难，因此，得到广泛推广尚有难度。

3.8.8　行进式隧洞滑动模板

行进式隧洞滑动模板特征在于它是通过连接件在桁架梁的顶部、底部和两侧分别装设顶拱模板、底拱模板以及两侧的滑动模板，滑动模板由滑升动力装置操纵可沿桁架梁两侧的滑升轨道做上下滑动，桁架梁底面两端装有行走轮，框架底部铺放脚手板，兼作工作台，桁架梁两端顶部及两侧设定位撑杆。

行进式隧洞滑动模板主要结构见图 3-63，底拱和顶拱均有固定的模板，通过丝杆调节实现脱模和立模，而左右两边采用滑模的方式进行滑升浇筑，混凝土入仓布置方便，也方便施工观察。但由于环向滑升，达到混凝土初凝强度需较多时间，故浇筑速度较慢，实际应用极少。

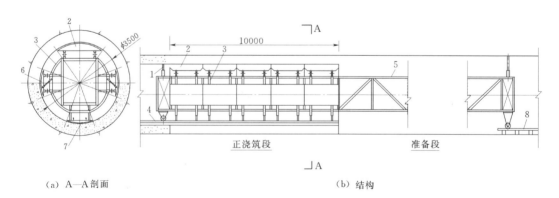

图 3-63　行进式隧洞滑动模板主要结构图（单位：mm）

1—定位撑杆；2—顶模；3—弧形模板；4—内轨；5—针梁；6—滑动模板；7—底模；8—外轨

3.8.9 滑框倒模

滑框倒模是在滑模基础上发展起来的新工艺，它既具有滑动模板连续施工、上升速度快的优点，又克服了滑动模板易拉裂表面混凝土、停滑不够方便、调偏不易控制等缺点，不损伤混凝土，可根据施工安排随时停滑，可随时调整偏差。

滑框倒模与滑动模板工作原理的最大区别在于模板与混凝土之间的运动形式。滑动模板滑升时，模板和主体结构同时向上运动。因此，模板与混凝土之间产生相对运动；而滑框倒模，总体结构上颇似滑动模板，但模板与主体结构分离，所以结构本体向上滑升时模板并不动，即模板与混凝土之间无相对运动。模板设计为小块组合式，竖直方向多块组合，一般模板单块高 300mm，总高度为 1800～2400mm，人工逐块脱模，翻到上面安装立模，故也可实现混凝土浇筑的连续作业。相对滑动模板而言，施工操作时，劳动强度稍大，模板投入稍多。

滑框倒模模板需根据建筑物形体专门进行设计。模板面板宜采用钢材。单块模板重量宜小于 20kg。模板制作标准应符合《组合钢模板技术规范》（GB/T 50214）的有关要求。当模板在垂直于滑升方向上受力不平衡时，必须在模板构架外侧设置可靠的导向装置，其制作、安装的偏差应与混凝土浇筑块体的允许偏差相适应。滑框倒模对现场施工管理的要求更高，施工时，与滑动模板一样要对混凝土输送、入仓振捣、钢筋输送、绑扎，混凝土修补、养护，结构滑升、测量纠偏等进行综合性动态管理外，还要加上脱模、翻模工作。模板平台滑升过程中，需采用专门检测设备进行滑升垂直度和水平度的监测。一般每浇筑 2m 进行一次混凝土形体的检测，如果形体偏差大于设计允许值或其他有关规定时，应立即停滑，待采取纠正措施后，才能恢复施工。混凝土的脱模强度不应小于 0.4MPa，但也不宜太高，以免脱模困难。脱模操作架必须安全、可靠，并便于施工人员倒模操作。拆除的单块模板必须立即清理面板表面，并涂刷脱模剂，以备在上层支立。变形的单块模板必须更换。

滑框倒模的基本工艺是：在混凝土浇筑过程中，模板的围檩由提升系统带动沿着模板的背面滑动，模板不动，下层模板待混凝土达到允许拆模强度时拆除并倒至上层支立。滑框倒模工艺流程见图 3-64。

滑框倒模是自升式竖井模板的一种，使用时自成体系，不需要外部其他起升设备，针对这一特点，一些工程在使用时又进行了灵活运用，变化设计，比如，不追求连续施工，采用分层浇筑方法，使用大面积模板，分上下两组，向上翻升立模，也不靠结构体系自身抵抗混凝土压力，模板用拉筋固定，以液压千斤顶为动力组成的框架结构体系主要提供施工人员操作的平台，此种方案在一些特别高的桥梁墩柱施工中应用较多。

滑框倒模由操作平台、提升架、围圈、滑道、模板、液压系统、卸料平台等组成。在围圈与模板之间设置滑道，滑道间距 30cm。滑道采用 $\phi48mm \times 3.5mm$ 钢管制作，固定在围圈上。在滑道外侧沿水平方向安装四层模板，四层模板总高宜大于 1.5m。滑升阻力为滑道与模板之间的摩擦力，比滑模的滑升阻力减少约 50%，可以少用千斤顶，而且由于滑升阻力分布较均匀，平台提升时不易跑偏。根据提升力的要求，可以采用 GYD-35 型或 GYD-60 型液压千斤顶，其支撑爬杆分别为 $\phi25$ 钢筋和 $\phi48mm \times 3.5mm$ 钢管。

滑框倒模工艺可达到较高精度，尤其适用于精度要求较高的高耸建筑物的混凝土施工。

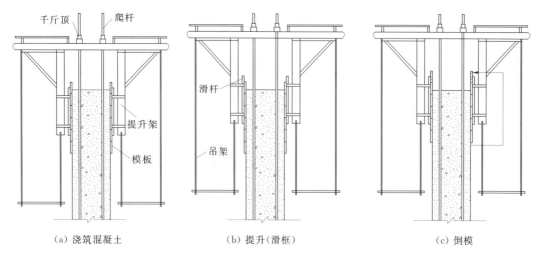

（a）浇筑混凝土   （b）提升（滑框）   （c）倒模

图 3-64　滑框倒模工艺流程图

3.9　钢模台车

3.9.1　整体式钢模台车

多为边顶拱衬砌，模板和台车不分离，分段长度适应水工混凝土要求，一般 9～12m 为宜，操作简便，速度快，立模精度好（见图 3-65）。

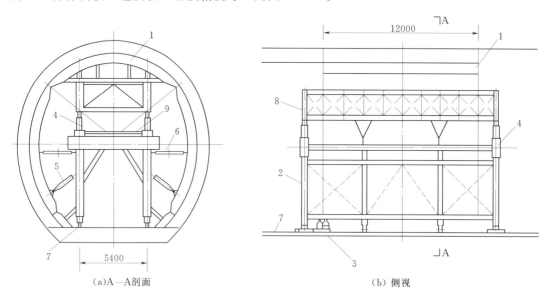

（a）A—A 剖面   （b）侧视

图 3-65　整体式钢模台车（天生桥一级导流洞）（单位：mm）
1—钢模板；2—台车；3—行车机构；4—顶部垂直油缸；5—侧向油缸；
6—水平油缸；7—轨道；8—托架；9—横调机构

边顶拱钢模台车是平洞混凝土衬砌模板中应用最广泛的一种，而其中又以整体式钢模台车为主，整体式钢模台车除台车部分重量稍重外，有很多分离式钢模台车所不具备的优势：立模、脱模速度快，操作相对简单，立模精度容易控制，整体强度好，故成为边顶拱衬砌模板的首选，在大朝山导流洞、尾水洞、龙滩尾水洞、小湾导流洞、溪洛渡导流洞、糯扎渡导流洞等大型、特大型隧洞中采用。小湾导流洞整体式钢模台车见图3-66。

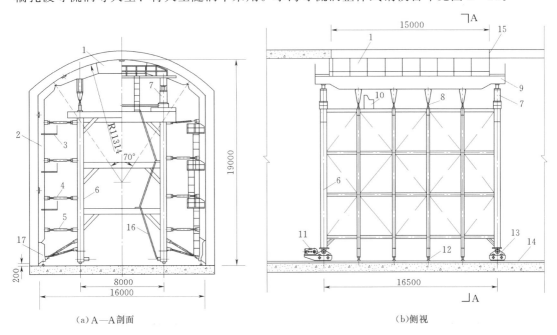

图3-66　小湾导流洞钢整体式模台车示意图（单位：mm）
1—顶模；2—侧模；3—操作平台；4—侧向油缸；5—螺旋撑杆；6—台车架；7—顶模油缸；
8—模板调节支撑；9—托梁；10—液压泵站；11—主动轮机构；12—台车调节支撑；
13—被动轮机构；14—轨道；15—堵头模板；16—楼梯；17—下边模

隧洞为城门洞型，16m×19m，台车每浇筑段长度15m。液压系统中，顶模油缸4只，侧向油缸每排3只（模板长度小于12m时可考虑只用2只），横向调节机构2套，各用油缸1只。液压系统可能发生的泄漏和其他故障将会严重影响到模板立模工作状态，特别是设计大型钢模台车时有必要对此进行特别关注和研究，该型台车是在顶模油缸上加设螺旋装置，实现液压和机械共同锁紧，确保顶模油缸在浇筑时可靠受力。由于边墙是一次性同时衬砌，故边墙模板分为两部分，都由液压缸控制操作，立模时，下边墙下面增加了高度为200mm的木模（或小钢模），这样才能保证浇完混凝土后下边模能自由转动完成脱模动作。

顶模托梁和台车下方均设置了多点可调节式螺旋支撑机构，立模后，变简支梁为连续梁多点支撑受力，改善顶模和台车整体受力状态。

龙滩水电站尾水洞边顶拱钢模台车见图3-67，该隧洞衬后成洞φ21m，先用成形小钢模浇120°范围内底拱，同时预埋弯钩螺栓，为安装边顶拱钢模台车行走轨道作准备。钢模台车衬砌长度10m。轨道装置见图3-68，包括支座、锥形螺母、轨道梁和轨道。这种设计，不影响台车下部空间通行。

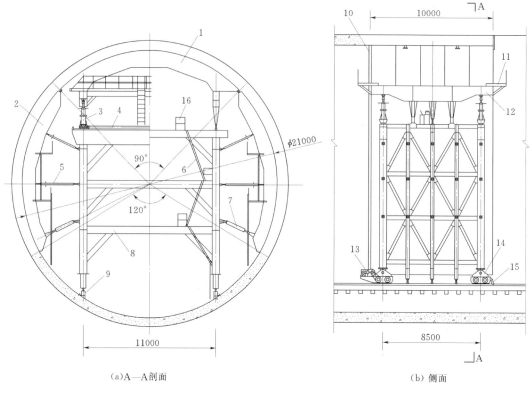

φ21000

90°

120°

11000

(a)A—A剖面

10000

8500

(b) 侧面

图 3-67 龙滩水电站尾水洞钢模台车剖面图（单位：mm）

1—顶模；2—侧模；3—垂直油缸；4—横向调节机构；5—螺旋撑杆；6—楼梯；7—侧向油缸；8—台车架；9—轨道
装置；10—搭接环；11—操作平台；12—托梁；13—驱动机构；14—被动轮机构；15—夹轨器；16—液压控制

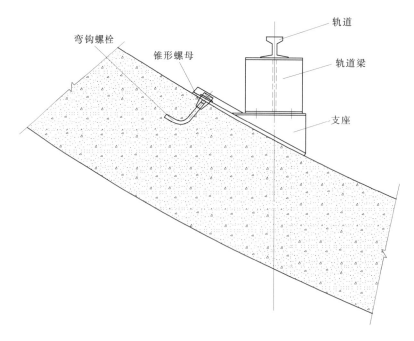

弯钩螺栓

锥形螺母

轨道

轨道梁

支座

图 3-68 轨道装置图

构皮滩水电站尾水洞成洞 $\phi14.2m$，边顶拱钢模台车由 5m 长的两节组成（见图 3-69），这种整体拆分式钢模台车，主要考虑兼顾直线和转弯段的应用，直线段时连成一体，转弯时分开，拼接转弯段模板。其操控系统、行走机构都有所增加，造价也相应有所提高。由于隧洞有较大坡度，故台车行走不设驱动机构，由两台卷扬机牵引。同时，模板还加设了导向装置，防止模板倾斜。

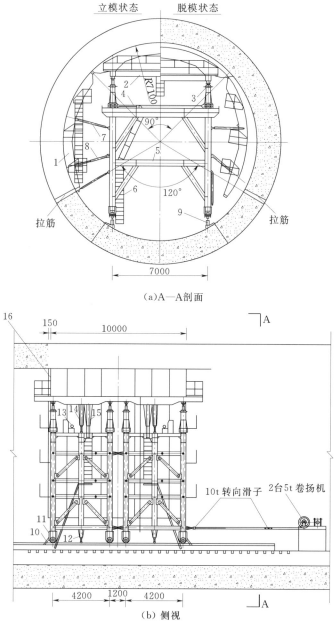

(a) A—A剖面

(b) 侧视

图 3-69　构皮滩水电站尾水洞钢模台车示意图（单位：mm）

1—模板组；2—托架；3—顶模油缸装置；4—横向调节机构；5—台车架；6—爬梯；7—螺旋撑杆；
8—侧向油缸；9—轨道装置；10—夹轨器；11—行走轮；12—辅助支撑；
13—液压控制台；14—顶模支撑；15—导向机构；16—搭接环

三峡水利枢纽工程地下水电站引水隧洞上弯段承受较大的水头压力，且属高速水流区，又处于水流急剧转折处，故上弯段衬砌混凝土必须平整圆滑转弯过渡，并具有较好的抗冲耐磨性能。经过论证底拱采用滑动弧模、边顶拱采用钢模台车两次衬砌的施工方法。底拱混凝土达到80%以上强度后，在成型混凝土表面设置轨道（也可不设置轨道，用橡胶轮子在底拱混凝土上行走）。采用边顶拱钢模台车对上弯段两侧及顶部进行混凝土衬砌。边顶拱钢模台车一次衬砌12°，一个上弯段分5次衬砌完成。边顶拱钢模台车由模板、门架、支撑系统及液压系统组成。模板系统由两侧边模及顶模组成；台车门架底部设置轮子，可在底部钢轨道上移动，浇筑时将两侧的12个钢支腿支撑在已浇筑完成的混凝土面上，承受台车和混凝土的重量，并可防止台车滑动；门架与模板通过液压油缸连接，利用油缸进行模板的收支。

3.9.2 分离式钢模台车

具有与整体式钢模台车基本相同的功能，不同的是台车和单组模板较短，较容易通过转弯段，台车重量较轻，但立模、脱模需分几次进行，操作相对繁琐，速度比不上整体式，立模精度也受到一定影响，所以对立模安装调整就位操作要求较严。立模时，模板没有台车支撑，依靠自身强度，受力不如整体式台车。一套台车配多套模板组成一个浇筑段，一般每套模板长4～4.5m，要求模板本身具有较高的强度，能独立承受混凝土施工荷载，此种模板有穿行式和非穿行式两种。穿行式是台车载运模板，同时，穿行通过立模段，立模时模板依次连接就位准确；非穿行式仅台车可穿行立模段，立模时第一节模板需从远处就位。

3.9.3 边墙钢模台车

大型隧洞有较高边墙，单独衬砌边墙时有多种类型的钢模台车，模板均拼装为大面积的整体，整体脱模，模板随台车行走转移；也有一部台车配多套边墙钢模的，此时钢模与台车脱开，须用锚杆、拉筋加固。有时候，由于总体方案和施工措施的要求，需要将边墙和顶拱分开、分期浇筑，或者只浇边墙，不浇顶拱，于是，边墙钢模台车应运而生。边墙钢模台车也有多种型式。

边墙钢模台车在云南漫湾电站导流洞、泄洪洞及其他多项工程中使用。在漫湾工程中先开挖了隧洞的上半部，并随之进行了上半部的边顶拱混凝土衬砌，然后开挖下半部，边墙钢模台车就由上半部钢模台车加高、加宽改造而成。使用时，两边墙模板张开，犹如一只巨大的蝴蝶，故又称"蝴蝶钢模台车"见图3-70。模板分上下两部分，均由液压油缸操控，脱模时，上部油缸收回，使上部分模板转动脱模，然后收回下部油缸，使全部模板完成脱模，操控方便。每节模板长6m，一部台车配多节模板，此种型式属分离式边墙钢模台车，立模时，模板需要与岩石上的锚杆焊牢拉紧，而后台车脱离，自由穿行。11.5m×6m的一对模板重约12t，因为钢模、油缸、可调撑杆及台车构成了几何稳定结构，台车托运模板时，巨大的模板悬于空中，非常平稳，保证了台车运送模板安全、高效。实际施工时，4节模板24m长为一个浇筑段，一部台车配2套（48m）模板，实现了混凝土快速施工，确保截流工期要求。该隧洞有部分顶拱不衬，此部分边墙蝴蝶钢模高达15.1m，因此只要对上部模板重新组合加高，即可达到要求。

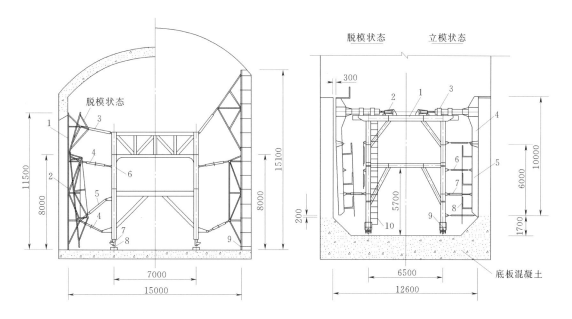

图 3-70　蝴蝶钢模台车结构图（单位：mm）
1—上部模板；2—下部模板；3—上部油缸；
4—螺旋撑杆；5—下部油缸；6—台车架；
7—行走机构；8—轨道；9—拉筋

图 3-71　边墙钢模台车结构图（单位：mm）
1—台车架；2—横移油缸；3—横送装置；4—上部
模板；5—下部模板；6—螺旋撑杆；7—侧向油缸；
8—操作平台；9—行走轮；10—爬梯

　　另一种结构形式的边墙钢模台车见图 3-71，在重庆彭水水电站导流洞等工程中有实际应用。隧洞为城门洞形，下部有倒角，浇筑段长度 12m，模板也分上下两部分，中间有转动支铰相连，脱模时，下部油缸收回，下边模转动离开混凝土面，然后上部油缸收缩，带动所有模板移动，完成脱模动作。此类整体式边墙钢模台车结构更为稳定，横向调节和操控更方便，可靠，脱模距离更大，而且台车整体受力，不需要大量的拉筋焊接，速度更快。

　　如果已先浇完顶拱混凝土，再浇边墙，则特别要注意纵向接缝处的模板技术处理，多开小料口，使混凝土能均匀地灌满，确保接缝质量。

3.9.4　针梁钢模台车

　　模板和针梁互为依托、交替运行，达到移位目的。特别适宜在中小、长直隧洞中使用。目前，针梁钢模已发展有针梁上置式、针梁下置式及穿行式针梁钢模等多种型式。由于针梁长度是模板的 2 倍多，通过转弯段有一定困难。

　　典型针梁钢模结构见图 3-72。模板的动作采用手动螺旋丝杆支撑调节，横向调节机构设置在针梁两端的支腿上，也采用丝杆调节。因此，横向调节时，是由针梁通过门架带动全部模板整体移动。而针梁的升降（也是模板的升降）采用 4 台液压油缸，油缸布置在支腿上。驱动装置采用双向卷筒电动机械卷扬机构，牵引针梁或模板运动，针梁采用实腹板结构，呈箱形结构型式，以满足巨大的荷载要求。正是由于其运动原理是针梁在模板内穿行，或者模板在针梁上移动，针梁和模板互为依托，产生相对运动，达到模板移位立模浇筑的目的，运动形式有"穿针引线"之寓意，故形象地称为"针梁钢模"。

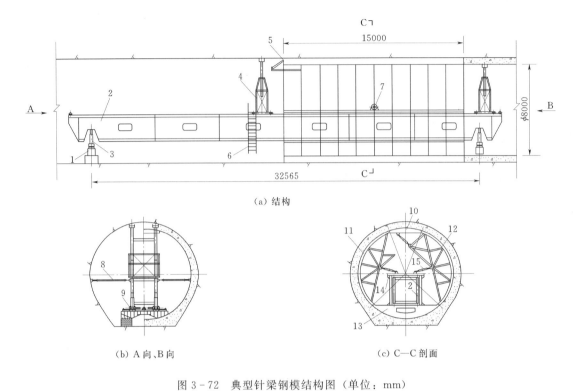

图 3-72　典型针梁钢模结构图（单位：mm）

1—前后支腿；2—针梁；3—支腿油缸；4—支撑小车；5—堵头模板；6—爬梯；7—驱动装置；8—侧向支撑；
9—横向调节机构；10—顶模；11—左侧模；12—右侧模；13—底模；14—门架；15—螺旋支撑

这样配置的操作机构和驱动装置，在一段时期内应用较多，后又发展到模板操作和横向调节也用液压控制，使立模、脱模和调节更方便、快捷、省力；驱动装置也有采用液压马达方式，长链条传动，真正实现了全液压操作，占用的有限空间更少。

上述这种针梁钢模又被称为下置式针梁钢模，即针梁靠隧洞中心以下设置，与底模接触。

随着针梁钢模结构型式的变化与发展，又衍生出上置式针梁钢模，其结构见图 3-73~图 3-75。这几种形式的主要区别在支腿和模板分块方面，前两种多用于中、小断面隧洞，后者多用于较大断面隧洞中。

图 3-73 是 ϕ4m，长度 9m 的上置式针梁钢模，整圈模板分为 4 部分，分别为顶模、左右侧模和底模。针梁为桁架结构，模板动作全液压操控，支腿油缸上加装机械锁定机构，立模后，针梁中部用可调辅助支腿加撑，使跨度减小，较小截面的针梁也能满足强度要求，模板移动放弃卷扬机构，而用 2 台 5t 手拉链条葫芦，使整套钢模重量不到 30t。

结构形式的针梁钢模，模板分块和动作与前面不一样，侧模和底模之间不用转动支铰连接，脱模时，先收左右侧模，再向上提底模，针梁两端的支腿设计也是又一种形式。

小浪底水利枢纽工程排砂洞针梁钢模结构见图 3-75，衬后直径 6.5m，长度 12.05m，该套模板除立模、脱模液压操作外，针梁和模板行走也是液压马达驱动，模板分为 5 部分，模板两端的腹板为箱形截面，强度特别大，立模后，模板两端的支撑分别顶

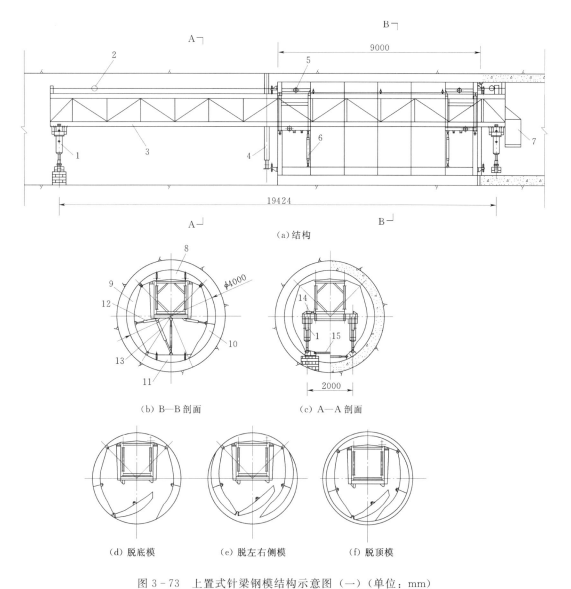

图 3-73　上置式针梁钢模结构示意图（一）（单位：mm）

1—前后支腿；2—5t手拉葫芦；3—针梁；4—辅助支腿；5—行走轮；6—底模支撑；7—液压泵站；8—顶模；9—左侧模；10—右侧模；11—底模；12—侧模油缸；13—底模油缸；14—5t螺旋千斤顶；15—可调连接支撑

住岩石面和已浇混凝土面，依靠模板自身的强度已可满足混凝土浇筑要求，针梁主要用于模板的行走，是这套针梁钢模的突出特点。

上置式针梁钢模的模板自身强度较大，对针梁的依赖较小。因此，模板与针梁之间的支撑较少，整套模板显得紧凑、简明，由于针梁上置，而且取消了成排密集的门架，仅以2～3架挂架代替，使模板内部宝贵的空间比较集中，针梁下面便于施工人员活动、通行，对施工操作带来极大好处，这是上置式针梁钢模重要特点之一。针梁可设计为桁架式结构，重量减轻，还可取消复杂的卷扬驱动装置，以手动葫芦或电动链条葫芦，进一步增大活动空间，降低造价，在小洞径中应用优势明显。上置式针梁钢模的成功实践，是隧洞全

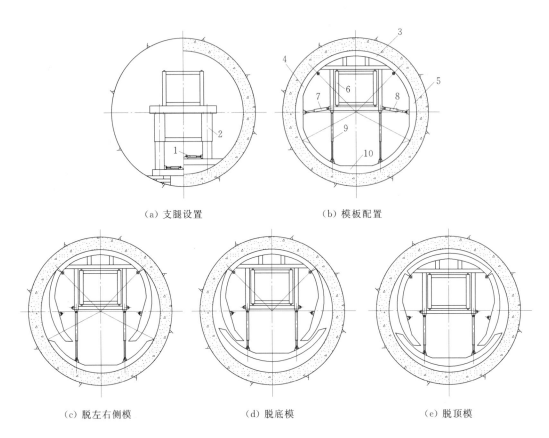

（a）支腿设置 （b）模板配置

（c）脱左右侧模 （d）脱底模 （e）脱顶模

图 3-74 上置式针梁钢模结构示意图（二）
1—横向调节油缸；2—支腿；3—顶模；4—左侧模；5—右侧模；6—针梁；7—侧向油缸；
8—螺旋支撑；9—底模油缸；10—底模

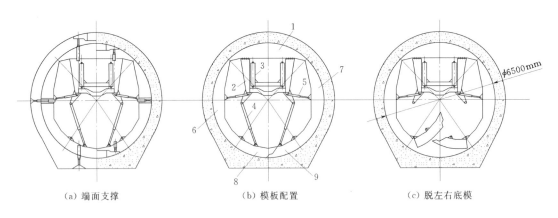

（a）端面支撑 （b）模板配置 （c）脱左右底模

图 3-75 小浪底水利枢纽工程排砂洞针梁钢模结构示意图
1—顶模；2—挂架；3—针梁；4—底模油缸；5—侧模油缸；6—左侧模；7—右侧模；8—左底模；9—右底模

断面衬砌模板技术的重大进步，它最大程度取代了传统的针梁钢模结构型式。目前，小到
$\phi 3m$ 以下，大到 $\phi 8.5m$ 的上置式针梁钢模都有成功应用实践。

广东惠州抽水蓄能电站引水平洞和尾水平洞所使用的上置式针梁钢模，成洞 $\phi 8.5m$，浇筑段长 9m，桁架式针梁，驱动设备选用两台 10t 电动链条葫芦，横向调节用手动螺旋丝杆，其余为液压系统油缸控制，值得一提的是底模部分构造的变化：通常情况下，圆形隧洞腰线以下部位浇筑时，混凝土表面会产生许多小气泡，影响表面质量，这是由于混凝土内部的水、气不能很好地排出所致，即使采取在模板面钻小孔通气、使用土工布吸水等其他措施，都不能有效改善这种状况。因此，在此结构中，取消了底部模板，即在弦长 3m 原本是底模的范围不要模板，设计了一个悬空的框架，以维持模板体系稳定和强度要求，底部用人工抹面的方式成形，使这部分混凝土表面完全没有水、气泡缺陷，达到理想状态。

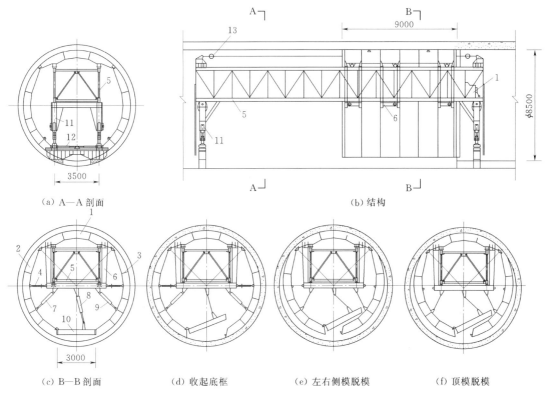

(a) A—A 剖面 　　　　　　　　　　　　　(b) 结构

(c) B—B 剖面　　　　(d) 收起底框　　　　(e) 左右侧模脱模　　　　(f) 顶模脱模

图 3-76　广东惠州抽水蓄能电站针梁钢模结构示意图（单位：mm）

1—顶模；2—左侧模；3—右侧模；4—螺旋支撑；5—针梁；6—挂架；7—左侧模油缸；8—底框油缸；
9—右侧模油缸；10—底框；11—支腿；12—横向调节机构；13—10t 电动链条葫芦

施工中，混凝土从两侧向底部中央涌入，要等待混凝土初凝才能控制和抹面，很影响浇筑速度，于是，在底部增加定型小模板，利用悬空框架支撑固定，这样，浇筑速度不受影响，视底部混凝土初凝情况适时取出小模板进行人工抹面。同样，达到混凝土表面质量要求，而装、拆小模板并不影响循环周期时间。

针梁钢模实现了隧洞混凝土的全断面衬砌，而且不架设轨道，自成体系完成混凝土浇筑。但由于不用轨道，长距离转移较麻烦，需要针梁和模板互相依靠，交替移动，每次都要升降支腿，而且模板下面需用方木或木板垫牢，所以转移速度较慢。

穿行式针梁钢模结构见图 3-77。针梁钢模和普通边顶拱钢模台车都属于移置式钢模台车，即立模 1 次，浇筑一段，然后拆模，移位，再立模，再浇筑。一套针梁钢模，$\phi 8mm \times 12m$ 左右的规格，完成一次浇筑循环的时间 3~4d 左右，一般可满足绝大多数工程的要求，但对某些工期特别紧的工程，对混凝土施工有更高的要求，要求进一步提高浇筑速度，穿行式针梁钢模就是针对这种要求而设计的。

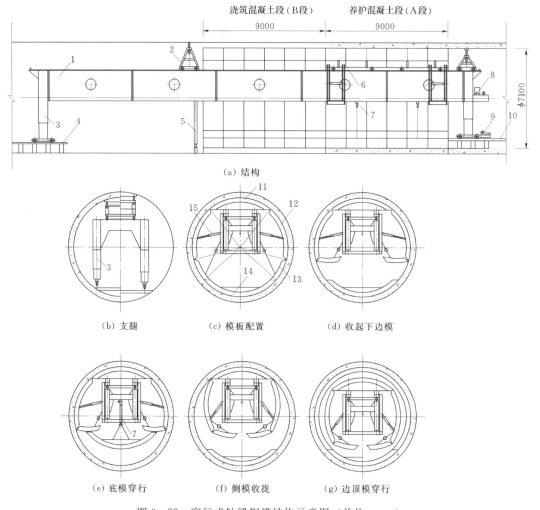

图 3-77　穿行式针梁钢模结构示意图（单位：mm）

1—针梁；2—支撑小车；3—支腿；4—外轨；5—辅助立撑；6—模板跑车；7—底模油缸；8—液压泵站；
9—行走驱动轮；10—内轨；11—顶模；12—上侧模；13—下侧模；14—底模；15—侧模油缸

从模板配置截面图看：模板分顶模、左右上侧模、左右下侧模和底模 6 部分，而模板纵向总长分为 A 段、B 段两大段，各长 9m，脱模和立模都是以每段模板为独立单元分别进行。对 A 段模板进行脱模操作时，先脱下侧模，用手动葫芦提，接着用油缸脱底模（向上提起），随即向前运行，穿过立模状态的 B 段模板，立模，然后脱左右上侧模，最后脱顶模（同前面所提到的针梁钢模一样，顶、侧模的升降也是由针梁带动实现），顶模和侧模一起穿行通过 B 段模板，接着立模，这就是穿行式针梁钢模的原理和主要工作过程。模板跑车相当于台车，而针梁是模板运行的轨道，同其他针梁钢模不同的是，针梁运行时并不以模板为依托，而是在前后支腿下铺设外轨和内轨，穿行式针梁钢模之所以能快速施工，是因为 A、B 两段模板相继交替作业，极大地减少了模板等待混凝土凝固的时间，但混凝土实际保养时间足够。其循环时间见表 3-22。

表 3-22　　　　　　　　　　　　模 板 循 环 时 间 表

工作区段	B 段		A 段			
工作内容	初凝	拆堵头模	立模	浇混凝土	初凝	拆堵头模
时间/h	7	1	4	6	7	1

注　每循环时间 18h；混凝土实际保养时间（26h）。

针梁的运行操作不占用循环时间，包括脱模准备工作均在现浇混凝土初凝这段时间内完成。每段混凝土保养时间达到了 26h，而每段循环时间仅 18h，每月可完成 40 次循环，如每段模板长 9m，则每月可浇混凝土 360m。

3.9.5　伸缩式钢模台车（穿行式钢模台车）

整套模板自成体系，包括立模、脱模、行走转移，不需要另外铺设轨道，底模由支腿支撑在地面，承受全部荷载，模板由多节组成，每节模板约 4.5m，一部台车配多节模板，每节模板就是一个立模、脱模的操作单元，台车长度不能超过单节模板长度，台车上方布置一对纵向轨道梁，其长度超过 3 节模板长度，工作时，台车站立在一节模板上，从台车后面提升底模，沿轨道运送到前端立模，新立好的底模又形成了一段台车行走轨道，台车可以在这段底模上立好边顶模。由于单节模板和台车均较短，通过转弯段不会有多少障碍，但是需要另外考虑三角体变化部位轨道的设计与安装，甚至需要同时考虑整个转弯段模板方案。是一种颇具特色的全断面平洞衬砌模板（见图 3-78）。

模板脱模后立模，需要穿行通过立模模板中间，故设计时模板腹板高度不宜太大，必须兼顾强度与结构诸方面的要求，模板制作时也要求有较高的配合精度，达到每节模板的互换搭配。

伸缩式模板是模板分节操作，每浇筑段即使由 3 节模板组成，也要脱模、立模 3 次才能完成，与整体式钢模台车相比较，操作速度相对较慢。如想提高速度，可采用多配模板的方法，例如，一部台车配 6 节模板，像前面提到的穿行式针梁钢模一样，分两个浇筑段循环，一段保养，一段立模，可以极大地提高浇筑速度。

3.9.6　多功能模板

多功能模板，顾名思义，其作用是多方面的，设计意图希望能综合运用于平洞段、斜井直线段和竖向转弯段，实际施工中在广州抽水蓄能电站引水隧洞和天荒坪抽水蓄能电站尾水斜井中均有所应用。作为多功能模板，在单一工况下，它可能不是最好的方案，但是能兼顾其他工况条件，就此点来说，是其独有的特点。

多功能模板结构见图 3-79，圆形截面隧洞，模板由顶模、左右侧模和底模 4 部分组成，模板中间段长 4m，主要用于转弯段，前后可各加长 1.75m，使在平洞段和斜井直线段时长度达到 7.5m。模板用液压控制操作，底模、顶模、侧模各 4 只油缸，液压泵站可以调整角度。结构受力中心是支撑方梁，方梁分为两段，两段之间以转动铰和调节丝杆连

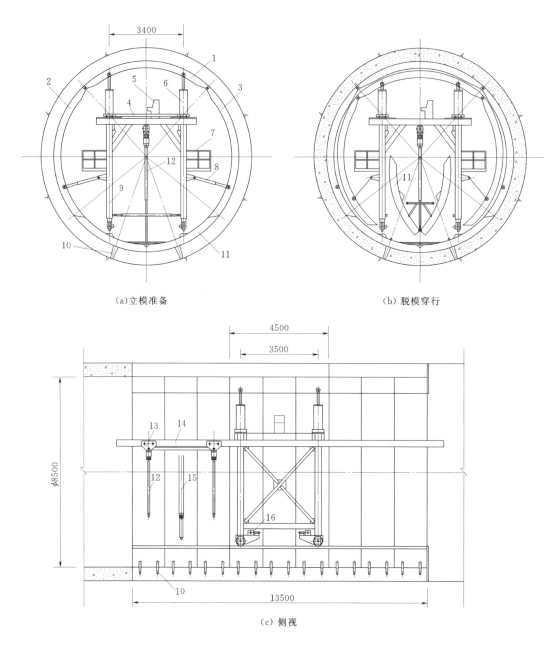

(a)立模准备

(b)脱模穿行

(c)侧视

图 3-78　伸缩式钢模结构示意图（单位：mm）

1—顶模；2—左侧模；3—右侧模；4—横向调节机构；5—液压泵站；6—垂直油缸；7—操作平台；
8—侧向油缸；9—台车架；10—支腿；11—底模；12—底模油缸；13—吊运小车；
14—小车行走梁；15—吊杆；16—驱动机构

接，调节丝杆长度可以改变方梁中心线的倾角，以适应进出转弯段时角度变化的要求。模板和方梁支间有导向机构，以防止在斜井中使用时模板下坠。多功能模板的行走由外部卷扬机牵引。

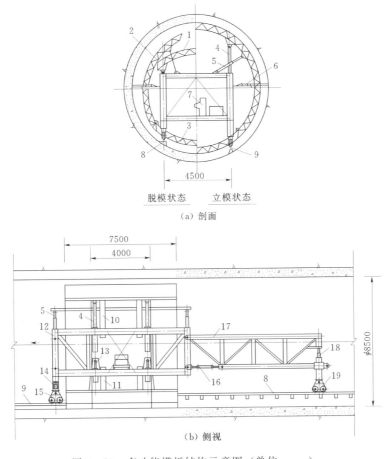

（a）剖面

脱模状态　　　立模状态

（b）侧视

图 3-79　多功能模板结构示意图（单位：mm）

1—顶模；2—侧模；3—底模；4—底模油缸；5—侧模油缸；6—横向支撑；7—液压泵站；8—内轨装置；
9—外轨装置；10—上部导向；11—下部导向；12—方梁上段；13—底模油缸；14—前轮
支架及千斤顶；15—外轨行走轮组；16—调节丝杆；17—方梁下段；
18—调节支腿及千斤顶；19—内轨行走轮组

3.9.7　底拱模板台车

隧洞底拱，这里指圆弧底拱，根据前面提到的优先原则，平地面底板浇筑一般是不需要模板的。底拱混凝土衬砌，相对边顶拱而言，要容易得多，模板高度低，空间大，混凝土泵管的布置，混凝土入仓，模板操作，施工观察，运输安装等有利条件很多。一般底拱范围在 90°～120°之间。用于底拱的成套模板，有针梁式、轨道式，也有伸缩模板式的，其操作方式可以是有较高机械化程度的液压系统控制，也可以机械配合手动调节，应视具体工程要求而定。底拱衬砌，不论是在没浇边顶拱的情况下，还是在已浇边顶拱的情况下，均能应用。

当然，底拱混凝土采用拖模的方案浇筑也是有的，不过这是多年以前的应用了，其特点是可以连续快速施工，但轨道安装加固投入较大，对洞内其他施工干扰极大，很难平行作业，而且混凝土没有分缝，满足不了结构设计要求，一般情况下不推荐使用。

近几年来，很多施工单位在底拱混凝土施工时往往不选择成套、成形的整体底模台车，既有施工措施、施工技术方面的考虑，也有减少资金投入，节约造价方面的原因，而返回到采用定型小钢模的方式，与传统做法不同的是：在底拱中间一带，连小钢模也不要，直接人工抹面，待混凝土初凝后又脱开其余小钢模，进行抹面，完全消除了混凝土表面水气泡，目前这种施工技术应用也较多，从中小隧洞到大型隧洞均有应用，龙滩水电站尾水洞成洞 $\phi21m$，应用效果也很好。

（1）针梁式底模台车。针梁式底模装置见图 3-80，提升、前进均采用螺旋千斤顶或手动葫芦，可以节省重量，降低造价，其工作原理与前面所提到的全断面针梁钢模相同，即针梁和模板互为依托，相对运动，实现模板转移的目的，而且同样不需要另外架设轨道，结构上的主要区别是没有边顶拱模板。在底模中间可以留出一大块面积不设模板，用人工抹面的方法辅助成形，而其余部分可以提前脱模，在混凝土没有终凝前抹面，使整个底拱范围完全消除表面水气泡。

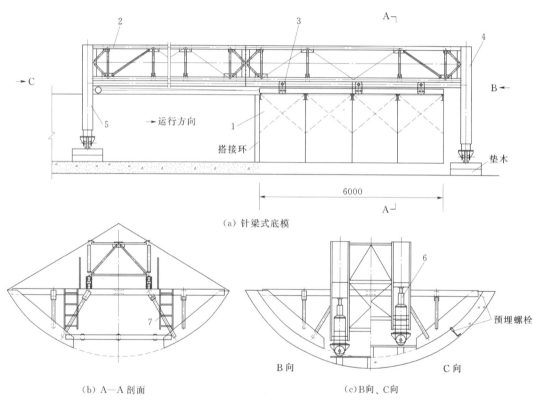

图 3-80　针梁式底模示意图（单位：mm）

1—模板；2—桁架式针梁；3—滑动滚轮机构；4—前支腿；5—后支腿；6—32t螺旋千斤顶；7—爬梯

由于整套模板只有底拱部分有模板，混凝土的作用力以浮托力为主，针梁荷载小，可以考虑设计为轻型桁架式结构，毕竟是整体式成形模板，故混凝土成形效果很好，便于在衬砌时预埋弯钩螺栓，为下一步边顶拱钢模台车的轨道安装作准备。

（2）轨道式底模台车。顾名思义，此种模板当然是有轨道的了，在先浇边顶拱再浇底拱的情况下应用较多。因为，轨道安装可以比较方便，在已衬好的边墙上有预埋螺杆，安装支座和轨道，轨道装置不必太长，因此可以反复拆装循环使用。

先衬边顶拱再浇底拱的轨道式底模台车见图3-81。

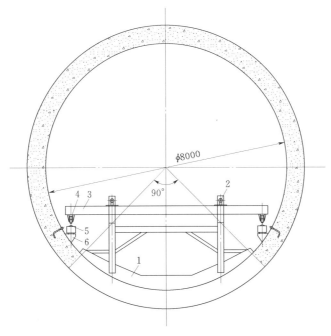

图3-81　轨道式底模台车示意图（单位：mm）
1—模板；2—提升油缸；3—横梁；4—行走轮机构；5—轨道；6—轨道支座

3.9.8　两个技术问题及应用实例

（1）钢模台车弯道技术。地下隧洞常有水平转弯段，而弯道混凝土浇筑是隧洞混凝土施工的难点之一，有时将钢模台车自由通过弯段，丢下混凝土不管，另由其他方法立模浇筑，比如拱架、小钢模、木模、胶合板等，对这些传统全人工操作方法不在此处深入探讨，此处希望充分利用钢模台车的技术优势和作用，尽量减少其他投入，减小劳动强度，提高转弯段衬砌速度。

总体来说，转弯段模板技术是以直线代替曲线，但误差必须控制在相关规范允许的范围内。根据单项工程的不同情况和特点，可以有不同的解决办法。

1）转弯段的分块。为了准确地进行转弯段的混凝土衬砌，必须预先进行设计作图分块，一般来说，用于转弯段的钢模台车，其模板中心应分别在转弯段两端直线与圆弧间连接处的切点上，然后在转弯段弯道范围内进行均分，直线与曲线外切，转变段分块图3-82，这样分块的好处是分块均匀，严格按桩号长度立模，误差小。每两块标准块之间的三角体（俗称"西瓜皮"，实际投影为梯形）部位尺寸相同，便于设计制作专用的转弯段模板，分块时，最好使"西瓜皮"的小头尺寸尽可能小，减少拼模面积，对"西瓜皮"模板的强度也较容易保证。

2）弯段拼接法。这是常用的转弯段立模方法。事实上，为了转弯段的衬砌，在策划确定总体模板方案时，就应该将此状况考虑进去，比如，制作两部较短的钢模台车使用，直线段时并在一起同时使用，作为一个浇筑段；转弯段时分开，同时用两台（或者只用1台）配

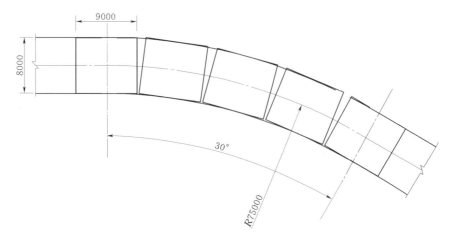

图 3 - 82　转弯段分块示意图（单位：mm）

合三角体模板立模，三角体模板可以是定制异形小钢模，也可以用钢木混合结构，或者胶合板，现场立模。此种方法常用于中小断面隧洞，转弯半径较小，弯道长度也较短的情况。

　　3）分散组合法。模板设计制作时，经常是以 1.5～2m 为单块模数进行组合，这也是运输、安装所需要，在转弯段时可充分利用这一特点，拆分模板进行转弯段组合，图 3-83 就是一种分散组合方法，为俯视布置图，模板长 9m，转弯时分为三段，中间加进两段"西瓜皮"模板，共同组成转弯浇筑段，此类钢模台车设计时有两根较大、较长的托梁，顶模就放在托梁上，此时，拆开单元模板间的连接，拉开彼此之间的距离，中间加入制作好的三角体转弯模板，从而分散了原来直线整体模板，重新组合为转弯段模板。由于拆分后每一段直线模板都较短，比如图示为 3m，所以精度高，误差小，混凝土成形质量很好。需要注意的是，模板重新组合后，顶模和边侧模的连接转动支铰中心不再在同一条直线上，有时会影响边模脱模、立模的整体动作，解决办法是边模的脱模、立模动作分段进行，用手动葫芦和螺旋调节丝杆等进行辅助，可以较好地达到目的。此方案在转弯半径太小的场合不适用，因为半径太小，模板变化太急，在托梁上将无法摆放。同时，要注意让两端头模板边通过半径方向，以便于立模时浇筑段之间衔接。

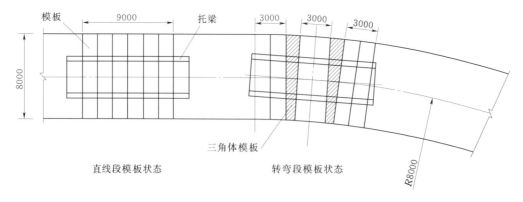

图 3 - 83　弯道模板分散组合示意图（单位：mm）

4）加装模板法。在直线段模板上直接加装专门设计制作的转弯段三角体模板，如果直线段模板太长，与理论曲线的误差超出混凝土施工规范要求，则缩短直线段模板（待浇完转弯段再装上，继续直线段衬砌）。这种转弯段模板布置方法的特点是：弯段模随主模板一起动作，进行脱模、立模操作，并没有更多的其他辅助工作，较为简便、快捷，只是需要考虑立模后增加对三角体模板强度支撑的问题。转弯三角体的尺寸不宜过大，此方法用在转弯半径较大的场合，这样三角体的大头尺寸才不致过大，小湾水电站导流洞转弯道的衬砌就是这样做的，小湾导流洞转弯段模板布置见图 3-84。

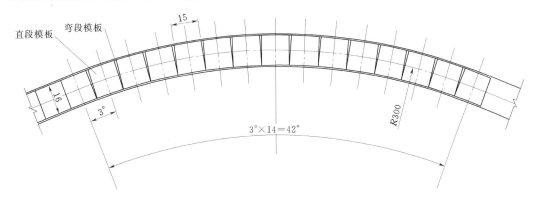

图 3-84　小湾导流洞转弯段模板布置图（单位：m）

（2）浇筑段之间的衔接。钢模台车立模时，模板与已衬砌段的衔接，是模板技术不可忽略的一环，采用搭接环技术，是应用比较成功的一种方法。

众所周知，成形钢模浇完混凝土并脱模后，要想再将模板套进刚浇的混凝土内非常困难，这是因为混凝土的收缩，模板制造精度等原因引起的。这使得新老混凝土之间衔接效果差，错台现象严重，于是钢模台车开始采用搭接环技术，早期的搭接环见图 3-85，在钢模的尾部加装一圈钢环，（也叫重叠段），宽度 150mm 左右，有锥度，可以插入已浇筑段内，也解决了一些衔接的问题。

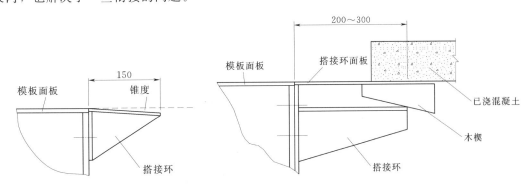

图 3-85　搭接环示意图（一）（单位：mm）　　图 3-86　搭接环示意图（二）（单位：mm）

后来，实际施工希望衔接能有更好的效果，于是在前面重叠段技术的基础上又进行一些改进：搭接环用螺栓连接在模板端部，面板长 200～300mm，根据隧洞断面大小而定，断面大取较大值。立模时，搭接环插入已衬混凝土段 50～100mm，再用木楔打紧，使面板与混凝土紧密贴合。设计搭接环时，面板厚度不宜超过 6mm，由于面板较薄，而且悬臂伸出，有一定柔性，可以变形缓冲适应模板与混凝土之间尺寸的偏差，使模板与混凝土之间平滑过渡，此时，搭接环已成为模板的一部分。这种柔性搭接技术，较有效地减少了混凝土错台缺陷，降低人工修磨工作量（见图 3-86）。

（3）鲁布革应用实例。鲁布革水电站长引水隧洞施工中，使用了底模台车、边顶拱钢模台车和全断面针梁钢模，是一次多种成形钢模联合应用的典型实例。该隧洞衬后直径 φ8m，缺少足够的施工支洞，其中一段长约 9000m，是单头开挖、掘进，而且同一端进洞浇混凝土，其开挖和混凝土施工这样布置。

1）钻爆法开挖不停地向里推进，钻孔用液压多臂钻机，除渣用载重卡车。汽车在洞内掉头采用液压汽车转向盘。

2）开挖进一段距离后开始混凝土衬砌，采用边顶拱钢模台车跟进浇筑，台车下部空间可供除渣车辆和其他施工车辆通行。

3）开挖结束后在隧洞最里端安装全断面针梁钢模，由里向外浇筑，边顶拱钢模台车继续向里浇。

4）针梁钢模和边顶钢模台车会合后均全部拆除，安装轨道式底模台车，由里向外浇筑，完成边顶拱台车衬砌后剩下的底拱空白，至此，完成隧洞全部混凝土施工。

3.10　预制混凝土模板

预制混凝土模板材料是以水泥作为胶结料、细河砂为填充料、玻璃纤维（或其他矿棉材料）为抗拉材料，掺加熟石膏粉等组成的水泥砂浆。用这个砂浆在专用模具中浇注成水泥块件，然后对模板与结构混凝土结合的表面进行拉毛开槽，对模板与模板结合的部位进行切割，从而制造成预制水泥混凝土结构施工模板。

工程中常用的预制混凝土模板按是否拆除分为可拆除预制模板和不可拆除预制模板；按其材料可分为素混凝土模板、钢筋混凝土模板等。其中钢筋混凝土预制模板较为常用，可根据需要将钢筋混凝土预制成型，然后吊装到位。一般情况下，钢筋混凝土预制模板可作为永久结构的一部分不需拆除。预制混凝土模板主要用于封闭空间顶板、廊道内壁及某些悬挑结构部位。预制混凝土模板的特点是预制模板可与主体工程同步施工，安装方便快捷，减少了现场立模时间，能够加快施工进度。但其缺点是预制构件本身受施工工艺水平影响，易产生施工缺陷，安装后构件之间的错台、接缝等不易处理，为后期处理加大工作量，对外观质量要求高的部位需谨慎使用。

预制钢筋混凝土模板已广泛应用在各种水工建筑物中，效果很好。在大、中型工程坝体廊道施工中，一般均采用预制钢筋混凝土模板，详见第4.2节廊道模板。三峡水利枢纽工程基础排水廊道采用预制模板施工情况见图3-87。预制钢筋混凝土倒T形梁和矩形梁，广泛应用在进水口胸墙喇叭口段顶板承重模板和尾水扩散段顶板承重模板上，简化了施工，加快了进度，详见第4.7.1条、第4.9节有关内容。图3-88为向家坝左岸水电站尾水扩散段顶板预制倒T形梁模板施工时照片。预制钢筋混凝土模板在大型牛腿施工中也有应用，对降低施工难度作用明显，在景洪大坝下游大型牛腿和向家坝水电站尾水

图 3 - 87 三峡水利枢纽工程廊道采用预制模板施工情况

图 3 - 88 向家坝水电站尾水扩散段顶板采用预制模板施工情况

墩牛腿的承重结构中使用过。详见第4.3节牛腿模板。预制钢筋混凝土模板还大量应用于竖井施工中，详见第4.5节竖井模板。

素混凝土预制模板主要用于大体积混凝土结构边缘处，对于碾压混凝土等连续上升部位，现立模板速度较慢，影响升层速度，可采用事先预制的素混凝土块或板简单加固块作为模板。如江垭水电站大坝下游斜坡面、向家坝水电站一期纵向围堰背水面斜坡等，均采用预制混凝土块按照设计要求的坡度做成台阶式，后期可不做处理。在一些影响结构受力和结合面的部位，预制混凝土块体在混凝土浇筑成型后，还可拆除，使其不占结构体积。后期需要拆除的预制混凝土模板在支立时，应在成型面事先采取隔离措施，以减小模板拆除难度。

下面介绍一个用预制钢筋混凝土模板解决大跨度穹顶施工的实例。向家坝水电站升船机渡槽段下部与左岸坝后厂房安装间部分重叠，在渡槽段下部预留大跨度城门洞形孔洞，主厂房及安装间从中穿过，与厂前平台连通。其中渡槽段预留孔洞穹顶施工时，下部厂房已封顶，正在进行机电安装施工，对穹顶封拱施工要求达到绝对安全，不允许掉物掉件，以保证工程进展顺利。

由于穹顶跨度达39.50m，穹顶距主厂房屋架高差近50m，常规施工安全防护难度非常大，且施工完成后的模板拆除难度大，安全隐患高。通过对多套方案对比，最后确定采用拱式倒T形预制梁作为穹顶承重模板。为满足现场吊装能力要求，单榀穹顶预制拱分为三段预制，吊运至现场组拼成一个整跨，渡槽段左右宽20m，共设计19榀预制拱，其中两个边梁底宽63cm，17榀中梁底宽106cm，梁高均为130cm，共计预制拱形梁57根，最大单重22t。组成一榀预制拱梁的3根梁之间的接头，通过预埋在预制梁端部的钢板焊

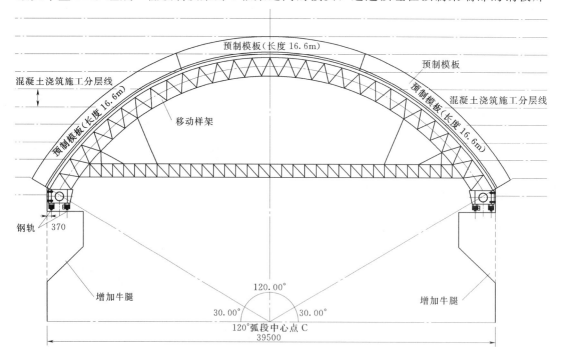

图3-89　向家坝升船机渡槽段穹顶拱形预制模板示意图（单位：mm）

接连接，每榀梁之间亦两两相连，增加稳定性。为满足 3 根预制拱梁在上空组装安全要求，在穹拱拱肩处增加牛腿，布置移动式拱形钢制样架，作为预制拱拼装支撑体系和施工平台，待预制拱梁接头连接完成，形成自身受力条件即可将钢样架下降移动至下一安装工位，循环利用。利用这一方案，最终快速、安全地完成了穹顶封拱施工。穹顶拱形预制模板见图 3-89；穹顶拱形预制模板施工情况见图 3-90。

（a）吊装图

（b）施工图

图 3-90　向家坝升船机渡槽段穹顶拱形预制模板施工情况

3.11 清水混凝土模板工程

3.11.1 清水混凝土简介

清水混凝土又称装饰混凝土，因其极具装饰效果而得名。它属于一次浇筑成型，不做任何外装饰，直接采用现浇混凝土的自然表面效果作为饰面。不同于普通混凝土，表面平整光滑、色泽均匀、棱角分明、无碰损和污染，只是在表面涂一层或两层透明的保护剂，显得十分天然、庄重。

（1）清水混凝土是名副其实的绿色混凝土：混凝土结构不需要装饰，舍去了涂料、饰面等化工产品；有利于环保：清水混凝土结构一次成型，不剔凿修补、不抹灰，减少了大量建筑垃圾，有利于保护环境。

（2）消除了诸多质量通病：清水装饰混凝土避免了抹灰开裂、空鼓甚至脱落的质量隐患，减轻了结构施工的漏浆、楼板裂缝等质量通病。

（3）促使工程建设的质量管理进一步提升：清水混凝土的施工，不可能有剔凿修补的空间，每一道工序都至关重要，迫使施工单位加强施工过程的控制，使结构施工的质量管理工作得到全面提升；降低工程总造价：清水混凝土的施工需要投入大量的人力物力，势必会延长工期，但因其最终不用抹灰、吊顶、装饰面层，从而减少了维保费用，最终降低了工程总造价。

在我国，清水混凝土尚处于发展阶段，属于新兴的施工工艺，真正掌握此类建筑的设计和施工的单位不多。清水混凝土墙面最终的装饰效果，60%取决于混凝土浇筑的质量，40%取决于后期的透明保护喷涂施工。清水混凝土对建筑施工水平是一种极大的挑战。

对比传统工艺，由于清水混凝土对施工工艺要求很高。与普通混凝土的施工有很大的不同，具体表现在：每次打水泥必须先打料块，对比前次色彩，通过仪器检测后才可继续打，必须振捣均匀，施工温度要求十分严格。

对施工人员的现场管理也十分重要，每一道工序都必须仔细。

由于清水混凝土一次浇筑完成，不可更改的特性，与墙体相连的门窗洞口和各种构件，埋件须提前准确设计与定位，与土建施工同时预埋铺设。由于没有外墙垫层和抹灰层，施工人员必须为门窗等构件的安装预留槽口，并且清水墙体上若安装雨水管，通风口等外露节点也须设计好与明缝等的交接。

清水混凝土施工的技术关键有下列几方面内容：

（1）混凝土配合比设计和原材料质量控制每块混凝土所用的水泥配合比要严格一致。

（2）新拌混凝土须具有极好的工作性和黏聚性，绝对不允许出现分层离析的现象。

（3）原材料产地必须统一，所用水泥尽可能用同一厂家同一批次的，砂、石的色泽和颗粒级配均匀。

清水混凝土的免装修效果，使得清水混凝土在水利水电工程施工中的应用越来越广泛，如向家坝水电站厂房、拉西瓦水电站地下厂房、沙陀水电站左岸坝后厂房、云南小湾地下厂房等。在水工混凝土结构中使用的清水混凝土，习惯上称为镜面混凝土，顾名思义，镜面混凝土就是混凝土的外表要像镜子一样的光滑和具有一定的光洁。在水工混凝土结构中关于清水混凝土施工的项目主要有：安装间、主厂房、副厂房墙体结构及板梁柱。

3.11.2　清水混凝土定型钢模板

清水混凝土施工在模板选用、设计、制作时，考虑模板的选材问题，不仅要考虑模板在拼装和拆除方面的方便性，支撑结构的牢固性和简便性以及模板的强度、刚度、稳定性、整体拼装后的平整度，而且还要考虑混凝土的浇筑速度、建筑物的结构形式、模板重复使用的次数、模板的拼接方式、脱模剂的使用等因素。对于清水混凝土的施工模板，绝不可选用易造成混凝土表面染色，或影响混凝土的均匀凝固而颜色不一，或拆板时木质纤维容易粘在混凝土表面上的模板。

模板设计、选型的合理与否，直接影响清水混凝土的质量。为实现清水混凝土的目标，在模板方案设计时，既要严格针对不同部位的结构特点，设计不同类型模板，还要针对典型结构充分考虑模板的通用性和互换性，尽可能选用通用模数模板进行组合安装，减少模板的投入。

因此，考虑到清水混凝土的各方面因素，清水混凝土模板的主要选择有：进口模板（WISA 板）、国产清水模板、定型钢模板、高强度双面覆膜竹胶板等。钢模板模板施工流程见图 3-91。

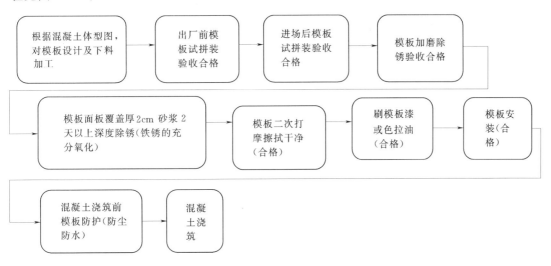

图 3-91　钢模板模板施工流程图

（1）水利水电工程钢模板制作。

1）墙体结构模板。在水利水电工程中，墙体结构等大面积混凝土一般可采用多卡模板和 VASA 板相结合的方式，以保证模板的整体性。具体形式，现场采用大型多卡模板，配多卡 D22 支架系统和锚固系统。对保证清水混凝土的重中之重的面板则采用厚 21mm WISA 板，并用 H20 木工字梁作竖向强筋，2 [10 槽钢作水平围檩，以保证模板面板的质量和整体稳定性。采用多卡模板的支撑系统配合 VISA 面板，作为清水混凝土浇筑时的成型模板。具体做法：①起始仓位立模，将无脚多卡模板安置在预先平整好的仓位，利用定位木条预埋定位锥、锚筋等，做好加固措施，立模时使用水平仪和铅垂线，以保证立模时模板水平、垂直。②第二仓立模时，利用预埋好的定位锥加固多卡模板，模板悬挂好后，沿整个仓位拉一条直线，用轴杆调节模板的倾斜度，用高度调节件进行竖向调节，用锤子敲打三角楔块使模板贴近混凝土面板。③多卡模板安装时，面板顶部比仓位设计线内倾 10mm（可据实际情况调整），确保模板在浇筑受力后复位（可根据实际情况在模板顶部加焊拉条）。④对于一些特殊部位，如墙体结构门、窗等孔口，为保证结构成型规整，可根据实际情况做定型钢盒子模板，或者现场用竹胶板加工孔口模板。

2）柱体结构模板。柱梁的体型尺寸较大，根据理论计算和实践经验，柱模板竖向围檩，全部采用 $\phi48mm$ 的普通钢管，中间部分并列 3 根 $\phi48mm$ 的普通钢管，两端用 2 根 $\phi48mm$ 的普通钢管并列，横肋之间空隙用木楔子塞紧，以防止模板变形，选用 $\phi16mm$ 的对拉螺栓，竖向间距全部采用 600mm，用 $\phi22mm$ 的 PVC 管作为套管，PVC 套管两端用硬质橡胶塞子穿过对拉螺栓将 PVC 套管封堵，防止在混凝土浇筑时水泥浆液进入 PVC 套管，拆模后，对拉螺栓可抽出来，可重复使用；橡胶塞子也可以拿出，在混凝土构件表面将留出规则的圆孔。为防止在混凝土浇筑过程中 PVC 套管被混凝土或浇筑时的冲击力将套管砸变形，PVC 套管中间增加 $\phi12mm$ 螺纹钢以增加 PVC 套管的刚度。梁板底模板直接放在钢管上，以加强底模的刚度，防止木模板变形，钢管根据不同构件的截面计算间距。梁侧模板外侧用 50mm×100mm 方木作横肋，间距采用 300mm，全部采用 $\phi48mm$ 的普通钢管作竖向和横向围檩，$\phi16mm$ 的对拉螺栓水平、竖向间距均采用 600mm，$\phi22mm$ 的 PVC 管作为套管。部分柱梁阳角拟施工成圆角，采用 PVC 线条或木线条。若使用木线条，安装之前用砂纸将线条磨光，再将木线条均匀涂刷两遍食用色拉油。模板拼缝处必须增设一根 50mm×100mm 方木加固。

（2）墩柱定型钢模板。

1）竖缝拼缝位置。模板竖向设置四道拼缝，分别设置在小面的四个棱角，墩柱混凝土模板施工平面见图 3-92。

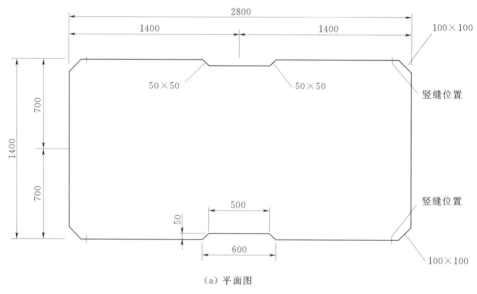

（a）平面图

图 3-92（一） 墩柱清水混凝土模板施工示意图（单位：mm）

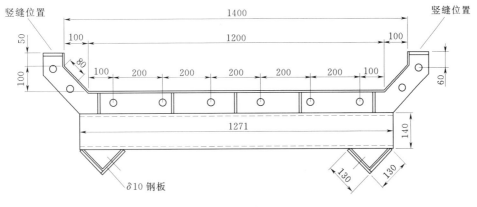

（b）立面图

图 3-92（二）　墩柱清水混凝土模板施工示意图（单位：mm）

2）水平缝拼缝位置。柱帽自上由变截面处向下 3m 处设置为标准节，设置一道水平缝；由此再向下设 2m 的水平缝，设置在承台以上 0.5m 范围内自由调整；调整节可按 0.5m、0.7m、1.0m 进行调整，墩柱清水混凝土模板施工立面见图 3-93。

3）防撞墙模板设计。防撞墙定型钢模板，标准段位置每节按 2m、1.5m 和 1m 等几种形式进行划分，防撞护栏路灯基础段模板每节为 1m；防撞护栏钢模板每个横断面模板共由 4 部分组成，主要包括：梁体外侧模板、梁体内侧模板、防撞护栏外侧滴水檐模板以及每段封堵堵头模板。

（3）清水混凝土钢模板加工制作。

1）钢模板应严格按照混凝土体型设计进行加工制作，为严格控制加工精度，必须在模架上制作，先拼装焊接完成支架，再覆盖钢板模板。对钢模板要求下料尺寸准确、模板平直、转角光滑、接缝平顺、连接孔位置准确，并应采取必要措施，以减小焊接变形，并对焊缝打磨平顺（影响混凝土外露面外观的接缝处钢板必须用铣边机铣刨，禁止焊接后打磨）。

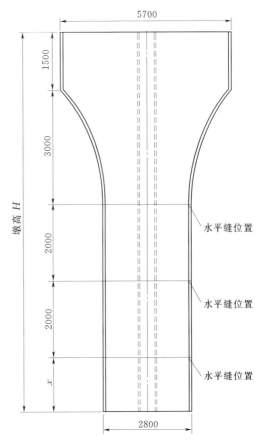

图 3-93　墩柱清水混凝土模板
施工立面图（单位：mm）

2）大模板制作定位放线应尽量采用高精密仪器定位，减小测量累积误差。

3）钢模板要求使用厚度为 8mm 以上钢板，长度以 1.5m 为宜。在混凝土施工时使用中频式（5000～8000r/min）振捣器振捣，拆模后的混凝土达到清水混凝土要求，表面光洁、无气泡、色泽一致，达不到要求的模板必须返工重做。

4）模板中所有的连接缝都应采用适当的设计形式。混凝土外露表面的模板接缝，应做成一种有规则的水平和垂直形式线条，并保持线条的连贯，所有的施工缝应同这些水平和垂直线条相重合或平行。

5）模板加工时，模板面板突出边框1～2mm，模板安装时在竖向边框间加橡皮胶密封带，这样既能保护面板，又能保证竖向拼接缝质量。

（4）定型钢模板出厂验收。每批加工完成的模板必须先在生产厂内进行拼装，并由专门成立的验收小组根据《普通清水混凝土模板制作尺寸允许偏差及检验方法》对模板质量进行验收，检查验收首先是眼观手摸，看面板的光洁度、线形的流畅、拼装后模板分缝，然后检查模板分缝是否严合、是否错台明显、模板受力部位是否合理；待验收合格后，再对模板拼块进行编号，然后才能运至施工现场，否则不允许钢模板进场。普通清水混凝土模板制作尺寸允许偏差及检验方法见表3-23。

表3-23　　　　　　　　普通清水混凝土模板制作尺寸允许偏差及检验方法

项次	项　目	允许偏差/mm	检验方法
1	模板高度	±2	尺量
2	模板宽度	±1	尺量
3	整块模板板面对角线差	≤3	塞尺、尺量
4	单块模板板面对角线差	≤3	塞尺、尺量
5	板面平整度	3	2m靠尺、塞尺
6	边肋平直度	2	2m靠尺、塞尺
7	相邻面板拼缝高低差	≤1.0	平尺、塞尺
8	相邻面板拼缝间隙	≤0.8	塞尺、尺量
9	连接孔中心距	±1	游标卡尺
10	边框连接孔与面板距离	±0.5	游标卡尺

（5）进场后模板验收及除锈处理。

1）模板进场后首先对模板进行试拼装和编号确认，并对模板进行再次验收，验收合格后，方可进行下道工序施工。

2）模板验收合格后对缝隙小的部位进行重新焊接，模板全部铣边、进行初次打磨除锈，打磨采用抛光球，打磨4～5遍后用卡布或毛巾进行除尘，要擦拭干净；擦拭干净后在模板面上覆盖厚2cm水泥砂浆（砂浆配比为1:1或1:2）进行深度除锈（对未处理完的铁锈进行充分氧化），覆盖2～3d后，对砂浆进行剥离，剥离时用小锤轻轻敲击，使其慢慢脱落后，对模板进行二次打磨除锈，打磨完后，用不掉毛的毛巾进行擦拭干净，擦拭干净后进行验收。验收要求：无锈蚀、面板光滑、无毛刺、无坑窝麻面。

3）刷模板漆。对除锈处理完成并验收合格的钢模板进行涂刷脱模剂；脱模剂包括刷模板漆和食用色拉油，要求模板漆在试验合格后方可使用；食用色拉油选用透明度高的为好；对模板刷食用色拉油两遍，第一遍用不掉毛的毛巾擦拭干净，之后再刷第二遍（重复上述工艺），要求眼观无油渍，手摸不沾油，方为合格。第二次刷油擦拭干净后对模板覆盖塑料薄膜进行防水防尘保护。

（6）模板安装及拆除。

1）模板安装。钢筋安装完毕并经监理验收合格后，将已经打磨完成的模板进行安装，用25t汽车吊进行整体吊装。模板就位后应用全站仪检查其垂直度与轴线偏位，各项指标符合要求后用螺栓锁紧模板。各项工作准备完成后进行自检，合格后填写内业资料报监理工程师验收，通过后进行下一工序。

2）模板安装的质量检查及验收。模板安装完后对模板进行检查，首先检查模板的接缝及错台，模板的接缝控制在0.8mm以内，模板的错台控制在1mm以内；用钢尺检查模板的几何尺寸，拉线检查模板的顺直度，用铅锤仪校正模板的垂直度。施工中严格控制轴线偏位在10mm以内。如果有不合格的情况，对模板进行调整。清水混凝土模板安装尺寸允许偏差见表3-24。

表3-24　　　　　　　　　　　清水混凝土模板安装尺寸允许偏差

项次	项　　目	允许偏差/mm	检　查　方　法
1	轴线位移	±6	尺量
2	截面尺寸	±5	尺量
3	标高	±3	水准仪、尺量
4	相邻板面高低差	±1	尺量
5	模板垂直度	±3	全站仪、线坠、尺量
6	表面平直度	±3	塞尺、尺量

3）模板拆卸。模板的拆卸期限：非承重模板的拆卸，应保证混凝土强度达到5MPa以上方可拆除；承重模板拆除应按照设计和规范要求进行。在混凝土强度达到5MPa以上后，可进行非承重模板拆除；首先对拆模板拉杆螺丝进行拧松几圈，让模板与混凝土进行自然分离；然后使用吊车并人工配合进行模板拆除；在模板拆除中遇到模板与混凝土连接紧密处，可垫木板或厚橡胶块使用撬棍使其慢慢剥离；注意保护成品混凝土以及钢模板，不能乱敲硬撬，野蛮施工，以免对成品混凝土以及钢模板造成影响。钢模板拆卸后，要立即进行清理、维修和保养等，并在合适的地方堆放整齐，轻搬轻放，严禁乱堆乱放。浇筑混凝土前，必须将模板打磨、清理干净，应没有铁锈、污垢、泥土等杂物。钢模板的周转次数应严格控制，一般每次周转后应进行全面检修并抛光打磨一次。

3.11.3　清水混凝土木模板（高强度双面覆膜竹胶板）

（1）现浇箱梁模板加工及安装。为确保箱梁清水混凝土外观质量，现浇箱梁的模板必须有足够的强度和刚度，模板采用厚15mm高强度双面覆膜竹胶板组拼，模板铺装要求底模板按纵桥向铺设，侧模板（翼缘板）进行横桥向铺设，侧模板与底模板垂直，并按两块侧模板对应一块底模板进行拼装，模板铺设完毕后要求几何尺寸准确、整齐，外表光滑平顺，无接缝、错台。

1）箱梁底模板的安装。

①梁底模板铺设方向为纵向2440mm，悬挑弧形翼板处为横向2440mm；箱梁底模长边顺桥向排布，箱梁翼板模板长边横桥向排布。安装时做到底板模板拼缝与翼缘板底模拼缝对应贯通。

②箱梁底模的排版原则是：以每跨梁段的墩柱中心线为基准，整块模板从基准线开始向两侧对称排布，异型模板只准出现在箱梁底板的两侧及两端支座处。主线桥渐变段处的底模模板基准线以主线桥中心线为准，向两侧排布。由于箱梁梁底向两边横向呈2%坡，为避免箱梁底模各块模板之间的接缝出现漏浆，在模板接缝处涂刷树脂胶进行密封。箱梁模板拼装见图3-94。

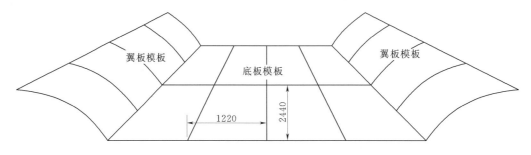

图3-94 箱梁模板拼装图（单位：mm）

③箱梁底横桥向铺设100mm×100mm方木，悬挑翼板底顺桥向铺设100mm×100mm方木，间距均为不大于250mm（两方木间中对中），翼板下主龙骨采用钢管弯制，平直段伸出翼板边缘不少于1000mm。为保证箱梁外观质量，方木各平面应提前进行压刨处理，箱梁底模板拼缝必须与箱梁底板轴线平行或垂直，保证模板拼缝纵、横桥向均为直线。两相邻模板表面高低差不超过2mm，用靠尺验收，表面平整度不超过3mm。

④箱梁底模板铺设前，应根据箱梁底板的曲面及高程变化调整顶托的高度，主楞安装前应着重检查主楞质量，确保主楞受力性能，主楞安装后还应检查上平面是否水平，并利用顶托的调节螺丝进行调整，保证主楞呈水平状态。次楞应根据梁底曲面及横坡要求下料，按照设定间距横向固定在主楞上，并检查次楞上水平的标高和接头位置，并进行调整，待次楞检查满足后方可铺钉模板，模板铺钉应严密，接缝处无起台现象。

⑤立模时应注意梁的纵横坡变化，支座处梁底由可调顶托和楔形块调整水平，腹板在与横梁连接段的加宽部分，立模时注意该处的尺寸变化，以及腋角处尺寸变化和曲梁加宽段的尺寸，对照线路设计正确设置该部位的模板。

⑥圆弧形翼板的模板为长边横桥向布置，从底板向上用一整张模板，底部切边，细刨处理，用双面胶条使翼缘板紧压在底板上，拼缝不严处用树脂胶处理，保证拼缝严密、美观。然后根据情况用整块模板将圆弧段上部空隙补齐，并超出翼板外边至梁边防护栏杆处。底模及翼板模板要保证翼板圆弧处模板拼缝都为十字线，水平缝为一道直线。对于底部起拱的箱梁（变截面箱梁），翼缘板模板从上往下铺钉，上部用一整块模板铺设，下部根据具体尺寸，加工好模板再安装，翼缘板根部与底板紧密相连，要求翼板圆弧上两块模板的水平拼缝为一道线。另外，联与联，跨与跨交接处的箱梁圆弧翼板模板水平拼缝必须

保证在同一高度，并成一道直线，底部起拱的箱梁圆弧翼板处的水平拼缝可以单独处理，不需与相邻联箱梁水平拼缝保持一致。考虑到箱梁翼缘板会产生轻微变形，时间久了模板之间拼缝会变大，在箱梁翼缘板安装时，模板拼缝处外侧铺钉宽 10cm 三合板，防止因拼缝过大产生漏浆。

2）侧模与底模的交界处采用底包绑。侧板根部内、外侧用方木固定，防止交接处模板移动、漏浆，该方木与箱梁侧模接触的部位，必须按照箱梁侧模的倾斜度来进行切边处理，保证模板能够与方木全面接触、角度吻合。侧板方木加固措施为竖向布置，底板模板直接用钉在铺好的方木上，箱梁翼板、底板交接处拼装见图 3-95。

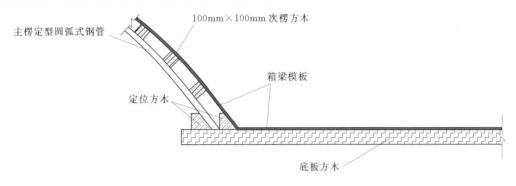

图 3-95　箱梁翼板、底板交接处拼装图

3）内模板施工。内模支设时，底板处的倒角模板向底板水平面转入 200mm，随后在 200mm 处模板外侧每隔 600mm 焊接一根长 200mm ϕ20mm 钢筋头，以便固定侧模向外滑移。

内模顶板模板立杆横向间距不大于 750mm，纵向间距按 600mm，主次龙骨分别采用 ϕ48mm 钢管、50mm×100mm 木方。孔内设剪刀撑，使内侧模相互支撑，控制调整内侧模定位和方便拆装。立杆下部采用 ϕ25mm 钢筋焊接十字撑，以便固定支撑立杆。

4）对于匝道曲线箱梁，为便于模板支设及匝道箱梁曲线线型控制，匝道曲线箱梁模板制作安装时，箱梁底板模板按正常箱梁布设，注意纵向相邻模板接缝纵横向对应，根据梁底曲线弧度两侧逐步回缩及外扩，但必须保证底模两侧均宽出梁底设计边线；在底模铺设完成后根据翼缘板圆弧线型在底模上用木条钉出线型以便进行翼缘板外模支设。翼缘板底模按曲线弧度逐块呈折线形变化，翼缘板模板从下往上铺钉，均用整块模板铺设，上部宽出翼缘板外缘，翼缘板方木次楞分块设置，背部采用圆弧钢管根据翼缘板竖向线型支撑方木，随后在背后根据整个箱梁翼缘板外侧弧度设置纵向圆弧钢管，将竖向与纵向圆弧钢管采用扣件连接为一体形成支撑钢架。

（2）双面覆膜竹胶板的验收。竹胶板进场后应对其进行验收，验收合格后方可使用，其验收标准与验收方法如下：

1）验收标准。①厚度 12mm 的±0.5mm、厚度 15mm 的±0.6mm。②长度、宽度的允许偏差为＋2mm。③对角线长度之差应不大于 4mm。④竹模板的板面翘曲度允许偏差不应超过 0.2%。⑤竹模板的四边平直度均不应超过 1mm/m。⑥外观质量检查标准为：腐朽、霉斑、缺损、鼓泡、单板脱胶、表面污染、凹陷均不允许出现。

2）验收方法。①长度、宽度：在距板边 100mm 处，分别测量每张板的长度和宽度，各测 2 点，取 2 点的平均值，精确到 1mm。②厚度：在板的四边距边缘 20mm 处，长边四等分处测 3 点，宽边三等分处测 2 点，共测 10 点，精确到 0.02mm，各测点厚度的最大差距，不得超过表 4－25 规定的偏差值。③对角线之差：测量两对角部位的长度，计算两个长度之差。④板面翘曲度：将胶合板凹面向上，放置水平台面上，分别用钢卷尺测量对角线长度，再用靠尺沿两对角线置于板面上，用钢直尺测量板面与靠尺的最大弦高，精确到 1mm，计算最大弦高与对角线长度的百分比，精确到 0.1%。⑤四边平直：将胶合板放置水平台面上，用靠尺分别紧贴在板边的侧面，用塞尺测量板边与靠尺之间的最大缝隙，精确到 0.1mm。

3.12　免拆模板网

免拆模板网亦称快易收口网，采用热浸锌钢板制成，其网眼及 U 形断面是用自动化机器切割而制成，板面整体完全无接点，抗张力特强。快易收口网材料结构见图 3－96。免拆模板网对保证工程质量和结构安全，降低施工成本等方面有着良好的作用，适用于结构复杂、空间狭小、钢筋密集等模板不易成型和拆除的部位，其特点是自成毛面，可免拆除用于施工缝面，但其抗弯强度低，必须依靠其他构件形成密集支承方能受力。

图 3－96　快易收口网材料结构示意图

快易收口网在欧美等先进国家已大量使用在大型建筑及土木工程，如隧道、桥梁（地基及桥面）、筏式基础、下水道、地下铁道、挡土墙、核能电厂、船坞、码头、储槽、高层楼宇、海洋工程以及不规则或曲面造型等重大工程。我国水利水电工程施工中主要用于预留槽、厂房蜗壳底部等钢筋密集、空间狭小部位。在黄河拉西瓦水电站进水口施工中，为满足进水塔快速上升的需要，对于拦污栅和进水塔之间的连系梁采用了预留梁槽后期施工联系梁的方式进行施工。其中的预留梁槽全部采用了快易收口网作为模板，施工快速便捷，为加快工程进度起到了积极作用（见图 3－97）。金沙江溪洛渡和向家坝水电站蜗壳二期混凝土施工中，蜗壳底部阴角部位空间狭小，体型不规则，混凝土施工缝均采用快易收口网作为分缝模板，满足了施工需要（见图 3－98）。

图 3-97　拉西瓦水电站进水塔预留梁窝　　　　图 3-98　水电站蜗壳底部采用
　　　　采用快易收口网做模板　　　　　　　　　　　快易收口网立模

3.13　胎模

胎模是用土、砖砌体或混凝土代替模板来支模的一种方法。常使用在模板拆除不了或拆除不方便的部位，有的预制工程也用砖砌筑胎模，但是为保证预制构件的质量和外观，一般都做了粉刷处理。

3.13.1　混凝土胎模

混凝土胎模是一种半永久的胎模，配以部分模板，拆装方便，能多次使用。大型屋面板混凝土胎模见图 3-99。制作方法为先在夯实的土层上用砖做出雏形，再加做混凝土层，面层抹光，浇筑混凝土前要在表面涂刷隔离剂。

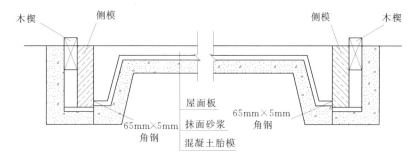

图 3-99　大型层面混凝土胎模示意图

3.13.2　砌体胎模

砖胎模一般用于地下室底板侧壁，由于是外防水，须在垫层上做防水，且防水要延伸到砖胎模上，以便混凝土浇筑后，防水能上翻到侧壁混凝土墙上，如果底板侧壁用模板的话，无法做防水，所以采用了用砖做模板的办法；另外，在一些浇完混凝土后模板无法拆除或者拆除难度很大的地方也有采用砖来代替一般模板的办法。一般用砖胎模（厚24cm或厚12cm），根据混凝土侧压力情况，适当在砖胎模背侧培植土，使胎模稳定（见图3-100、图3-101）。

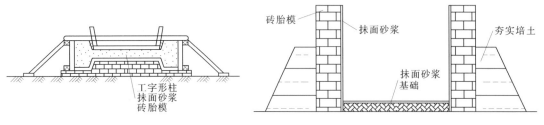

图3-100　工字形柱砖胎模示意图　　　图3-101　房屋基础砖胎模示意图

3.14　脱水模板

脱水模板的板面设计有许多小孔或微孔，里侧贴有一种排水材料，利用这种模板浇筑混凝土，可以排除新浇混凝土内的空气和多余水分，从而减少混凝土的常见外观缺陷（蜂窝、麻面、砂线、气泡、酥皮、裂缝），提高早期强度，使混凝土更加密实，减少钢筋锈蚀几率，提高混凝土的耐久性及结构安全。

3.14.1　脱水模板构造

（1）脱水模板构造见图3-102，模板结构比较简单：在模板上按10cm间距钻孔，孔径3~5mm，孔的作用是在浇筑混凝土后排出剩余水分和空气，模板内侧铺设排水织物，浇筑后部分水分和空气，在混凝土凝固前被织物吸收并经小孔排出模板外。

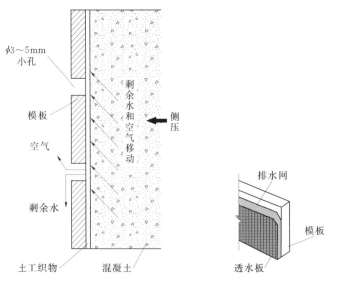

图3-102　脱水模板构造图（一）　图3-103　脱水模板构造图（二）

（2）另一种脱水模板的结构见图 3 - 103，这种模板内侧设有透水板和排水网，混凝土浇筑后水分和空气经透水板和排水网由模板端部排出。

（3）还有一种脱水模板其结构近似于图 3 - 103 所示的模板。在钢板上以微细缝隙代替小孔，由在钢板上喷镀的陶瓷吸水层代替织物，其性能与上述两种脱水模板基本相同。同时，由于陶瓷吸水层强度高，附着力强而有利于增加模板的周转次数。

（4）脱水模板结合真空脱水工艺的构成。大体积混凝土真空脱水滑动模板设备、过滤层及施工方法：过滤层由不锈钢板构成，上设透水微孔，孔径 $30\sim80\mu m$；孔距 $1\sim3mm$。具有脱水功能的滑动模板设备由上部模板与下部模板组成，上部模板为钢滑模，下部模板由过滤层与塑料密封板气密性连接组成：塑料密封板上设置有若干排水孔，每个排水孔外面固定有排水短管。施工现场设置具有脱水功能的滑动模板设备；混凝土分层浇筑振捣后，立即将上部模板滑行 $30\sim50cm$，放下下部模板覆盖于露出的新鲜混凝土表面，进行真空脱水 $10\sim20min$；真空脱水的同时继续进行下一层滑模内的混凝土浇筑振捣施工。

3.14.2 脱水模板对混凝土性能的影响

脱水模板提高混凝土性能的原理是：由于在钢模或木模上设置了小孔及聚酯织物，混凝土表层的水分和空气经模板孔排出，水分、空气向模板表面移动排出的同时，水泥颗粒也向混凝土表面移动，致使混凝土表面形成厚度不大但非常平整密实的一层富混凝土层，可使水分、二氧化碳和各种盐类难以入混凝土内部，从而降低混凝土的碳化速度，提高混凝土的抗冻性及耐久性，同时还能提高混凝土的表面强度。有关试验表明：

（1）使用脱水模板后，混凝土表面蜂窝、麻面、孔洞、裂缝等缺陷总面积大幅度下降，一般为使用普通模板浇筑的混凝土表面缺陷的 10% 以下。

（2）使用脱水模板后，混凝土表面强度在 7d 时为普通模板浇筑混凝土的 3 倍，在 28d 时约为 1.7 倍。

（3）当混凝土试样在 10% 二氧化碳中放置 3 个月后，脱水模板混凝土的炭化深度仅为普通模板混凝土炭化深度的 1/4 左右。

（4）使用脱水模板浇筑的混凝土，其氯离子渗入深度仅为普通模板混凝土的 1/5。

（5）普通模板混凝土表面随冻融循环次数的增加而逐步产生表皮脱落剥离现象，重量也随之下降；而脱水模板混凝土表面没有发生表皮脱落剥离现象，其重量则由于混凝土吸水而略有增加。冻融循环 300 次时，普通模板混凝土重量下降 1.1%，而脱水模板混凝土的重量则上升 0.8%。

（6）脱水模板力学性能好、受混凝土侧压力小。由于该模板带有小孔，在浇筑混凝土时，可排出混凝土中的部分空气和水分。

3.14.3 脱水模板混凝土的养护

脱水模板实际应用中常出现的问题是：过早拆除模板，造成混凝土脱水过快、潮湿养护时间过短，导致混凝土表面形成微细的干缩裂缝。表面不仅没形成一个致密层，提高混凝土性能，反而影响了混凝土的外观。因此，在使用脱水模板时应特别注意混凝土的养护。如拆模较早，就再继续潮湿养护一段时间，以避免干缩裂缝的发生。

3.14.4 脱水模板的应用

（1）广州猎德污水处理厂主要承担广州市东山区等四个区的污水处理。大沙头到广州大桥段，输水渠箱全长 2150m，渠箱净宽 5m，高 2m，混凝土抗渗强度 S8。混凝土保护层厚度 3cm。渠箱沿珠江走向，经受生活污水及珠江潮水侵蚀影响。

本工程采用 ϕ48mm×3.5mm 钢管做支撑，用厚 18mm 优质胶合板及定型钢模板做模板。混凝土侧墙模板采用厚 18mm 优质胶合板，在其上按要求钻排水孔，再在胶合板表面用粘贴剂粘贴聚酯布，聚酯布厚 0.5mm，单位重 315g。为确保施工中聚酯布边缘及排水孔周围不脱开，用平头图钉在薄弱部位周边固定。

脱水模板现场制作流程：模板放置平正、清洗干净→按模板尺寸拼装聚酯布→涂粘贴剂粘贴→放置硬化后图钉加固边缘。

防水混凝土中掺入 UEA 膨胀剂、FDN 减水剂和粉煤灰的"三掺"技术。在施工缝、变形缝处有专人指挥检查振捣情况，确保浇筑质量。拆模后，结构表面细密，无麻面，混凝土外观质量达到建设单位的要求。

（2）在京杭运河施桥三线船闸工程，闸室墙闸底板侧墙进行试验性施工。施工同时采用了两个方案，结果显示采用透水模板和透水模板结合真空脱水工艺均显著提高了混凝土外观质量和表层回弹强度，外观质量以透水模板结合真空脱水工艺为最佳。在施桥三线船闸闸室墙倒角 C25 混凝土全部采用透水模板衬垫脱水工艺施工，闸室墙全长 260m，采用该工艺后未出现 1 条裂缝，混凝土表面无气孔，无蜂窝麻面，无细微裂纹。

4 特 殊 部 位 模 板

4.1 肘管模板

4.1.1 结构类型

尾水管肘管属多变的水工曲面，其过流部分要求表面平顺光滑，符合水轮机厂家的单线图要求。近年来低水头水电站肘管仍多为混凝土肘管，采用木模板较多，而高水头电站逐步采用钢肘管（即加钢衬），钢衬替代了传统的肘管模板。

4.1.2 木模板

（1）小型整体式模板。当肘管的高度小于 4m 时，可整体设计一次安装。对于尾水管肘这类外形复杂的结构，模板设计的重点是保证外形轮廓，模板结构的用料可根据经验选用。图 4-1 中选用的模板厚度为 30mm，拱架下弦及腹杆断面为 50mm×80mm，上弦端部不小于 50mm×60mm，水平拱架间距取 250mm，上部设置四根木拱架并由面板、立柱、斜撑及螺杆等连成整体，下部（尾部）采用铅直拱架支模，设置二榀拱架（与模板连成整体）。模板的悬出部位，用混凝土支撑和拉条固定在已浇混凝土面的埋件上。

（2）分层式模板。对于高度 5~8m 的肘管段模板，一般分两层制作与安装，通常分为上肘管和下肘管。

第一层下肘管为倒悬弧面模板，其承重桁架垂直布置，并用水平梁连成整体，面板上留出活动仓口，以利于混凝土下料和振捣。用拉条和支撑固定，以防止模板浮动变形。

第二层上肘管桁架按径向垂直布置，面层为小方木横梁，双层竖向木面板。此外，还可以设置组装式筒形中心体构架，以加强模板的整体性。

龚嘴水电站尾水管肘管全高 7.6m，分两层立模。第一层高 3.44m，第二层高 4.16m，见图 4-2。

（3）较大尺寸整体式模板。此种模板按整体设计，一次安装完成。图 4-3 为莲麓水电站采用木排架组装的整体式模板。图中 I 块和 II 块竖向支撑，剪刀撑间隔布置，III 块和 IV 块水平支撑，剪刀撑间隔布置。图 4-4 为葛洲坝水电站用水平桁架组装的整体模板。图 4-5 为葛洲坝水电站采用中心构架加强的整体式模板，模板全高 12.953m，中部布置一个矩形构架中心体，再按径向布置垂直桁架和面层结构，上游侧的倒悬部分用支撑和拉杆加固定位。

（4）大型肘管外支撑结构。图 4-6 为葛洲坝水电站肘管模板，布置五层外支撑。外

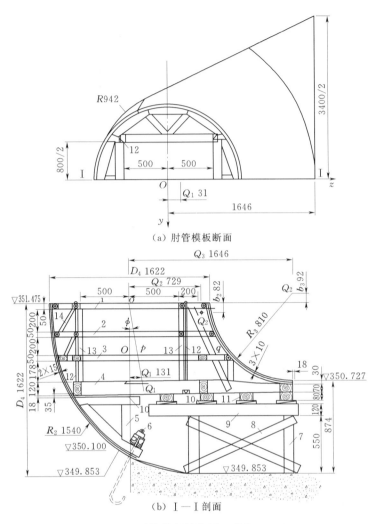

（a）肘管模板断面

（b）Ⅰ—Ⅰ剖面

图 4-1　肘管模板结构图（单位：mm）

1～4—水平拱架；5—铅直拱架；6—预埋螺栓；7—立柱；8—剪力撑；9—顺梁；10—压坡尖；
11—帮条枋；12—螺栓；13—立柱；14—斜撑

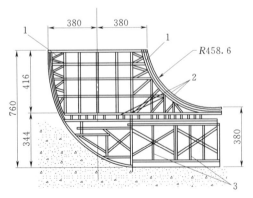

图 4-2　龚嘴水电站肘管模板结构图（单位：cm）

1—垂直钢桁架；2—方木；3—方木柱

支撑钢桁架按环向布置安装在已浇混凝土面的埋件上，用来支撑和固定模板。当一层混凝土浇筑完后，再安装上一层的外支撑，各层外支撑钢架随混凝土浇筑而埋于混凝土中。

4.1.3　砖格拱形结构砂浆抹面模板

早期曾用于高度为 6～7m 的肘管上，青铜峡水电站肘管模板砖格拱形结构见图 4-7。为克服砌砖工作量较大、拆除不便的缺点，可以改进为以钢结构为中心体的砖砌面层的模板。

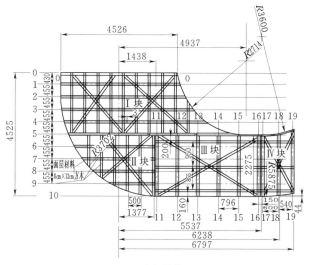

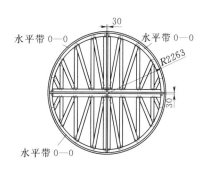

（a）侧视
（b）0—0 剖面

图 4-3　莲麓水电站肘管模板结构图（单位：mm）

0～19—节面

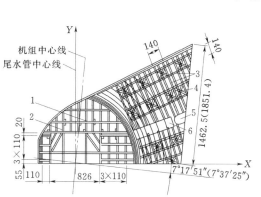

图 4-4　葛洲坝水电站一期工程
肘管模板结构图（单位：cm）

1—水平桁架；2—夹木；3—主次梁；4—钢柱；
5—中墩；6—混凝土预制块墙

图 4-5　葛洲坝水电站一期工程肘管整体式
模板结构图（单位：cm）

1—混凝土墩墙；2—钢柱

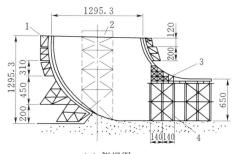

（a）侧视图

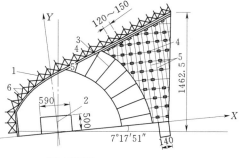

（b）正视图

图 4-6　葛洲坝水电站一期工程肘管模板外支撑结构图（单位：cm）

1—垂直钢桁架；2—样架；3—龙骨架；4—钢柱；5—主次梁；6—剪刀撑

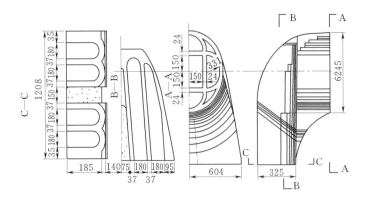

图 4-7　青铜峡水电站肘管模板砖格拱形结构图（单位：cm）

4.1.4　预制混凝土上弯段模板

刘家峡肘管采用预制混凝土面板作上弯段模板（见图 4-8）。为克服预制混凝土面板块体尺寸大、储运安装不便的缺点，可以钢结构为中心体制成中型尺寸预制混凝土面板的模板。

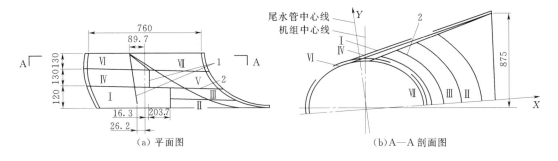

图 4-8　刘家峡水电站肘管模板预制混凝土面板结构图（单位：cm）
1—竖缝；2—环线

4.2　廊道模板

廊道施工中，现在一般多采用预制钢筋混凝土廊道模板，但是在小型工程中，或是该种廊道数量较少时，以及廊道交叉复杂部位仍多采用木模板。

4.2.1　预制混凝土廊道模板

（1）预制混凝土廊道整体式模板。预制模板（见图 4-9，每节廊道模板长 148cm，重 5.7t）的断面及配筋，需根据混凝土浇筑程序，经过计算确定，以保证预制模板能承受廊道周边混凝土施工产生的荷载，预制模板的配筋可代替廊道的原设计配筋。

廊道水平交叉段，采用交叉廊道模板，由两块半边三通式廊道模板合并而成，预制半边三通式廊道模板图 4-10。

廊道斜坡与水平交叉段，采用异形廊道模板，通常在预制时，按预定尺寸将定型廊道

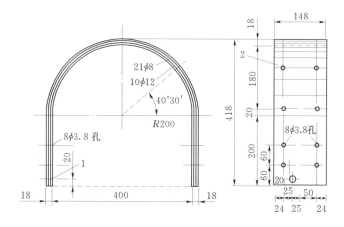

图 4 - 9　预制钢筋混凝土整体式廊道模板结构示意图（单位：cm）

1—坝内排水孔（ϕ20）；2—起吊孔（<ϕ8）

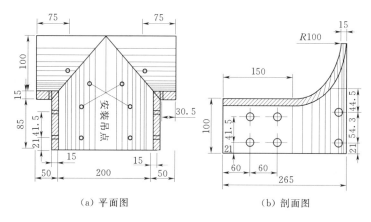

（a）平面图　　　　　　　　（b）剖面图

图 4 - 10　预制半边三通式廊道模板结构示意图（单位：cm）

模板切去一角，形成异形廊道模板，其安装见图 4 - 11；安装时，空出的部位可以采用现立模板补缺。

　　跨横缝廊道模板，可采用半边廊道的预制钢筋混凝土模板见图 4 - 12，其安装方法见图 4 - 13。

　　预制钢筋混凝土廊道模板的混凝土标号，一般为 C20（龄期 28d）。

　　安装整体式预制混凝土廊道模板，必须撑好底部的对称木，以增强整体性；两节廊道模板之间的缝隙，应用水泥砂浆填塞。

　　（2）预制钢筋混凝土廊道顶拱模板。预制钢筋混凝土廊道顶拱模板根据廊道顶拱直径，按表 4 - 1 中的尺寸选用。当廊道顶拱直径为 300cm，其结构见图 4 - 14。

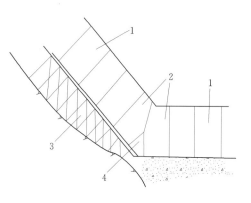

图 4 - 11　异形廊道模板安装示意图

1—标准形廊道模板；2—异形廊道模板；
3—钢托架；4—现立模板

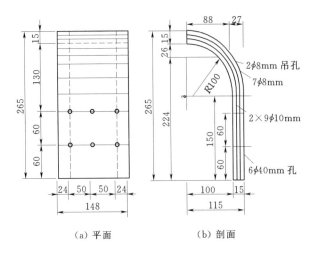

（a）平面　　　　（b）剖面

图 4-12　跨横缝的半边廊道预制钢筋混凝土
模板示意图（单位：cm）

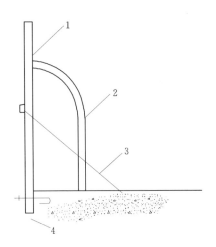

图 4-13　跨横缝廊道预制钢筋混凝土
模板安装示意图

1—侧面平面模板；2—半边廊道打毛；

3—ϕ20mm 拉条；4—横缝

表 4-1	预制廊道顶拱模板尺寸参考表		单位：cm
顶拱直径	顶拱厚度		
	拱　脚	拱　顶	
200	10	15	
250	13	18	
300	15	20	

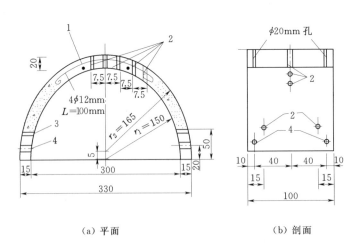

（a）平面　　　　　　　　　　　　（b）剖面

图 4-14　直径为 300cm 的廊道顶拱模板结构示意图（单位：cm）

1—钢筋（4ϕ12mm，L=100mm）；2—螺丝孔（ϕ30mm）；3—吊环孔（ϕ30mm）；

4—支撑孔（ϕ20mm，用$\angle$75mm×75mm）

4.2.2 廊道木模板

廊道木模板的支撑形式见图 4-15。廊道顶拱木模板的结构形式见图 4-16 选用。

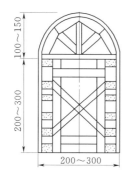

图 4-15 廊道木模板支撑形式图（单位：cm）

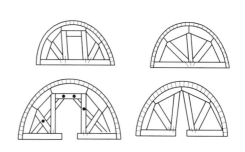

图 4-16 廊道顶拱木模板结构形式图

4.3 牛腿模板

牛腿模板是一种常用的承重模板。在具备起吊能力的部位，可采用预制钢筋混凝土模板；在起吊条件差的部位，可采用现支钢模板或木模板。

4.3.1 预制钢筋混凝土牛腿模板

（1）重力式预制钢筋混凝土牛腿模板结构形式见图 4-17。

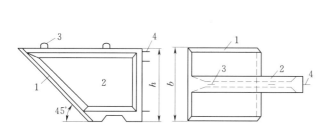

图 4-17 水口水电站重力式预制钢筋混凝土
牛腿模板结构形式图

1—面板；2—肋；3—吊钩；4—拉条

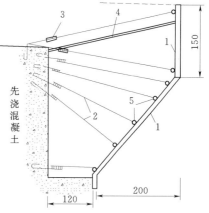

图 4-18 板式预制钢筋混凝土牛腿
模板结构形式图（单位：cm）

1—面板；2—φ22mm 拉条；3—
花篮螺丝；4—支撑杆；5—锚环

（2）板式预制钢筋混凝土牛腿模板结构形式见图 4-18。其支撑方式采用内拉式。

4.3.2 木结构牛腿模板

木结构内拉式牛腿模板见图 4-19。图 4-19 中钢筋柱被浇入混凝土内，不回收。外支撑式牛腿模板结构见图4-20。为防止斜撑的滑移，常用预埋螺栓将斜撑拉住。每排三角桁架及斜撑的间距0.5~0.7m；为保持稳定，各排之间设剪刀撑。

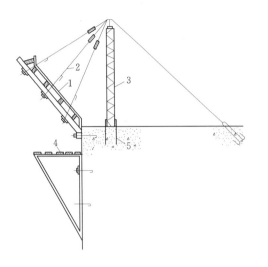

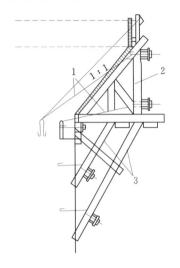

图4-19　木结构内拉式牛腿模板结构示意图
1—模板；2—拉条；3—钢筋柱；
4—简易平台；5—预埋插筋

图4-20　外支撑式牛腿模板结构示意图
1—拉条；2—三角桁架；3—斜撑

4.4　键槽模板

键槽模板按照形状通常分为梯形键槽和三角形键槽。按照模板材料通常分为键槽钢模板和键槽木模板。由于木制键槽模板在拆模时极易损坏，有条件时应优先采用键槽钢模板。

4.4.1　键槽钢模板

（1）梯形键槽钢模板：为了减轻重量、便于操作，将键槽模板分两半制成，其结构形式见图4-21。梯形键槽模板能和系列小钢模板组合使用。

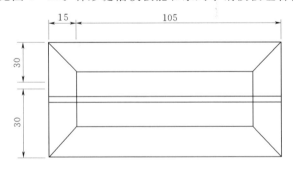

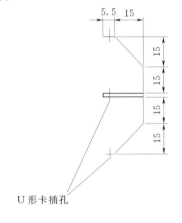

（a）平面图

（b）剖面图

图4-21　梯形键槽钢模板结构示意图（单位：cm）

（2）三角形键槽钢模板：为了便于三角形键槽钢模板和系列小钢模板组合在一起，可加工成如图 4-22 所示的结构形式。

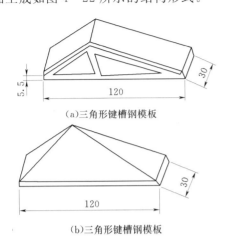

（a）三角形键槽钢模板

（b）三角形键槽钢模板

图 4-22　三角形键槽钢模板结构
形式示意图（单位：cm）

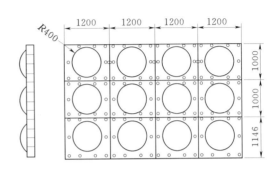

图 4-23　二滩水电站拱坝球面键槽模板结构
形式示意图（单位：mm）

（3）其他形式键槽钢模板如球面键槽、弧形键槽：例如二滩水电站拱坝、东风水电站。二滩水电站拱坝横缝在国内首次使用了球面键槽（见图 4-23）。键槽模板采用厚 3mm 的钢板压制而成，球面直径 800mm。为了与大坝直立模板的尺寸相协调，键槽模板制作成 1.0m×1.2m 的矩形块，用螺钉固定在大坝直立模板的木质面板上，安装和拆卸都很方便。键槽模板随大坝直立模板一起由汽车吊提升，立模和拆模速度快。由于钢板表面光滑，涂刷脱模剂后与混凝土的黏结力远比木板小，拆模后的球面键槽表面光滑且无损伤。东风水电站拱坝横缝键槽模板采用了与坝面悬臂模板相同的悬臂桁架结构，其面板为平面模板与圆弧键槽模板拼装组合而成（见图 4-24）。键槽可根据模板的不同使用部位，组成带上、下封头及通槽形的三种缝面模板，以适应灌浆区段不同高程对立模的要求。

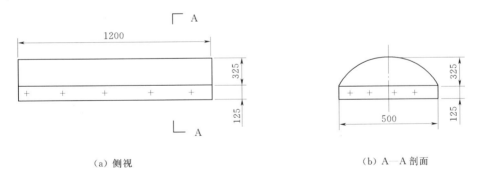

（a）侧视　　　　　　　　　　　　　　（b）A—A 剖面

图 4-24　东风水电站拱坝弧形键槽模板结构示意图（单位：mm）

4.4.2　键槽木模板

（1）梯形键槽木模板：结构形式见图 4-25，其面板厚度以 2cm 为宜。

（2）三角形键槽木模板：结构形式见图 4-26。

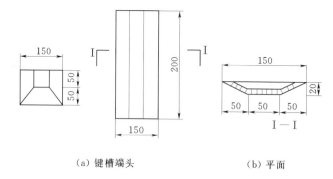

（a）键槽端头　　　　　　　　（b）平面

图 4-25　梯形键槽木模板结构形成示意图（单位：cm）

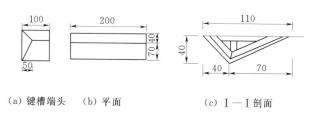

（a）键槽端头　　（b）平面　　　　　（c）Ⅰ—Ⅰ剖面

图 4-26　三角形键槽木模板结构形式示意图（单位：cm）

4.5　竖井模板

4.5.1　竖井钢结构模板

竖井钢整体式拆装模板结构见图 4-27，其构造主要由平面模板、贴角模板、内支撑

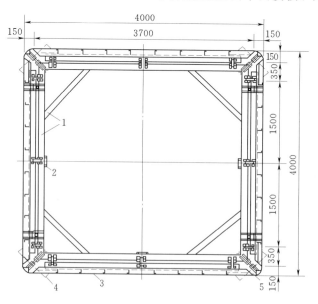

图 4-27　竖井整体式拆装钢模板结构示意图（单位：mm）

1—内支撑框架；2—单向铰；3—平面模板；4—托梁槽钢；5—贴角模板

框架、单向铰结构和锁定结构等五部分组成。这种模板适用于混凝土浇筑速度为 0.6～1.0m/h；竖井为矩形断面（最大 7m×9m，最小 0.4m×0.8m），或与此相当的圆形断面。单位立模面积用钢量 110kg/m²。

操作方法：拆模时将内支撑框架提起，通过连杆将平面模板向内拉动便脱离混凝土面；再继续上提，至混凝土面以上，以便拆除贴角模板。贴角模板拆除后，将托梁槽钢放置在竖井四角，然后将模板放在立模位置，最后安上贴角模板。

4.5.2 预制混凝土竖井模板

断面为方形的预制混凝土竖井模板，其结构见图 4-28。安装时将两块拼装成方形。

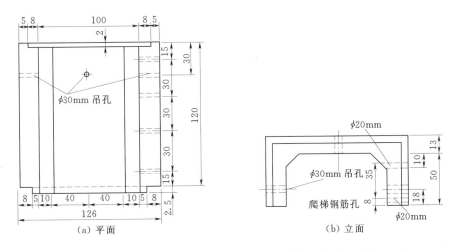

图 4-28 预制方形（半边）混凝土竖井模板结构示意图（单位：cm）

断面为圆形的预制混凝土竖井模板，其结构见图 4-29。其每节长 2m，内径 1.1～1.5m，这种模板安装较简便。

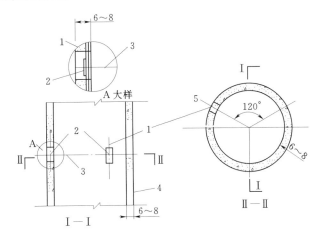

图 4-29 预制圆形混凝土竖井模板结构示意图（单位：cm）

1—预埋钢筋（φ10～12mm）；2—帮条焊；3—两节管接缝；

4—预制管（φ110～150cm）；5—预留孔（8cm×10cm）

4.5.3 实例

三峡水利枢纽工程永久船闸工程竖井较多，断面尺寸分为几种，断面较小的竖井采用的筒模见图4-30。

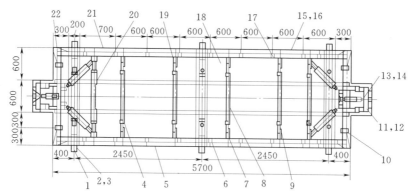

图4-30　三峡水利枢纽工程永久船闸竖井模板（平面）（单位：mm）

1—主梁组件；2、3、11、12、15、16—模板；4—次梁；5—面板；6、10—横龙骨；
7—竖龙骨；8、9—脱模器；13、14—三轴铰链；17—大钢卡；18—销轴卡座；
19—双环钢卡；20—横撑；21—螺钉付；22—90°矫正器

4.6　溢流面模板

4.6.1　现支模板

一般采用带有木曲梁的桁架支撑模板，材料耗用量较大。水口水电站大坝溢流面采用了曲面可变桁架立模（见图4-31）。曲面可变桁架成形方便，装拆容易，施工效率高，材料消耗少。曲面可变桁架的尺寸为250mm×500mm（高×长），每榀质量为50kg。桁架由内、外弦杆，腹筋及连接件等组成。内弦杆通过节点板与腹筋焊接固定。外弦杆装在焊接于腹筋上

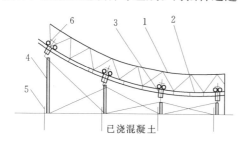

图4-31　可变桁架模板结构图

1—可变桁架；2—钢模板；3—对接螺栓；
4—钢支撑；5—预埋钢筋；6—连接钢管

的扣件内，松开扣件上的螺栓，外弦杆便可自由伸缩，以调节曲面的弧度；拧紧螺栓，外弦杆便被压紧、与腹杆紧固，桁架形状被固定。曲面可变桁架用于单曲面立模，桁架间距约1.5m，桁架下的钢支撑间距约1m。桁架之间用φ48mm钢管及扣件连接；桁架和钢支撑之间通过对接螺栓连接，对接螺栓的作用是便于浇筑完混凝土之后拆除可变桁架。钢模板用勾头螺栓固定在桁架上。拆模时间一般控制在混凝土初凝时，拆模后立即抹面并填平对接螺栓孔。

4.6.2　滑动模板

溢流面混凝土滑动模板的移动轨迹，由固定在两侧闸墩混凝土上的导轨决定。因此，要求导轨的制作、安装精度不得超过溢流面尺寸的允许偏差。浇筑混凝土时产生的混凝土

侧压力和浮托力通过模板传递给支撑梁，再通过支承梁传递到导轨。因此要求模板、支撑梁及导轨具有足够的强度和刚度、能够承受混凝土的侧压力及浮托力。滑模的牵引方式一般有下列三种：①采用固定在溢流堰顶一期混凝土上的卷扬机，通过钢丝绳牵引模体；②将空心千斤顶固定在溢流堰顶，抽拔固定在模体上的钢筋拉杆而牵引模体；③安装在模体上的液压爬钳沿导轨爬行，牵引模体。

4.6.3 翻模

使用翻模进行溢流面混凝土施工的主要特点是施工便捷、经济实惠、不易出现质量缺陷。翻模施工时应注意掌握好翻模时间，既要保证混凝土不出现坍塌变形，又要使混凝土具有可塑性能，便于抹面。长潭河水利水电枢纽工程溢流坝段由1号坝段和2号坝段两部分组成，设计溢流孔为3孔（单孔宽18.5m）。溢流面最大宽度69.5m，由弧面、平面、曲面和斜面组成，结构复杂。溢流面翻模施工见图4-32。

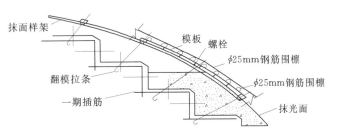

图4-32 溢流面翻模施工示意图

4.6.4 真空模板

为了提高溢流面混凝土的强度等性能，常对混凝土表面进行真空作业。以往采用的真空作业模板制作及施工工艺较复杂、施工费用较高，目前，多采用高标号混凝土来代替或采用软吸盘方法施工。

4.7 胸墙模板

胸墙位于闸孔门楣的上部，弧形闸门的胸墙一般置于闸门上游；平面闸门的胸墙可置于闸门上游或下游。

胸墙与闸墩间连接结构的厚度较大。闸孔宽度较大时，胸墙一般采用板梁结构；宽度较小时一般采用板式结构。为了使闸孔过流平顺，迎水面的底缘一般做成弧形轮廓。

针对胸墙的特殊体型结构，综合考虑体型、工期、安全等因素，胸墙部位混凝土施工时的模板形式及承重方式一般有以下几种：①钢筋混凝土预制模板梁；②承重排架支撑（满樘排架或八字撑）定型钢（或木）模板；③型钢桁架梁反吊模板；④钢结构承重构件挂装模板等方式。

4.7.1 钢筋混凝土预制模板梁（倒T形、矩形梁）

采用预制钢筋混凝土模板梁代替满堂脚手架现场拼装模板现浇胸墙，可方便施工，缩短工期，保证施工安全，节约施工成本。

采用预制混凝土模板梁应征得设计的同意，其受力状况、钢筋配筋、外形尺寸及混凝土表面平整度必须满足设计要求。吊点位置要经过计算确定并采取合理的运输方法和吊装方式，验算起吊时梁的刚度和吊环的应力，确保吊装时的稳定性，避免在运输和吊装过程中造成预制混凝土模板梁的破坏。

为保证预制混凝土模板梁与现浇混凝土的可靠结合。必须将预制混凝土梁与现浇混凝土的结合面进行毛面处理。当考虑预制混凝土模板梁与现浇混凝土形成叠合结构承受永久运行的荷载时，应重新计算设计配置的钢筋。此工作一般由设计院完成。

（1）预制混凝土模板可采用倒 T 形梁（见图 4-33、图 4-34）。预制时采用整体底模有利于梁底椭圆曲线成型准确。梁的底模也可采用压实的地面用砖砌或混凝土做成底胎模。倒 T 形梁安装的方法有两种。一种方法是先按照进水口顶板设计曲线弯制工字钢或槽钢，经过测量放样，采用插筋固定在边墩及中墩已浇筑的混凝土墙上，加固牢靠，使其能承受倒 T 形梁的自重，倒 T 形梁之间的缝隙采用细石混凝土回填，缝隙底部采用吊模封堵，吊模拆除后及时打磨，使倒 T 形梁之间底部过水表面连接光滑、平顺。另一种方法是事先按照进水口顶板设计曲线弯制角钢，预埋在边墩及中墩内侧收仓面上，形成倒 T 形梁安装的"平台"，然后吊装倒 T 形梁。

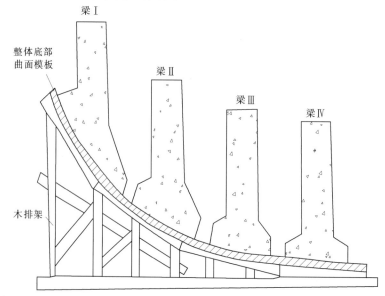

图 4-33　胸墙预制钢筋混凝土倒 T 形梁模板采用整体底模示意图

（2）预制钢筋混凝土模板也可以采用矩形梁（见图 4-35）。预制时也应采用整体底模，自低部位开始逐个浇筑矩形梁，两个矩形梁之间需用塑料布隔离。其优点是：预制梁体型简单、预制方便；逐个梁预制、两个梁之间可不留空隙，节省一半侧模；安装矩形梁时定位方便，只要第一个梁安装位置准确，其他的矩形梁只要逐个靠紧即可。

4.7.2　承重排架支撑（满樘排架、八字撑）定型钢（或木）模板

胸墙模板安装之前，先安装模板的支撑系统、调节模板高低的顶托和支承胸墙模板的槽钢，形成胸墙底模支撑平台。胸墙模板运到工作面后，用仓面起吊设备辅助人工就位、安装、固定。

拆除胸墙模板按自上而下的顺序进行，松动顶托螺栓带动排架支撑平台下降，在自重的作用下和辅以人工协助，使模板整体与混凝土面分离，然后将模体运出工作面，最后将

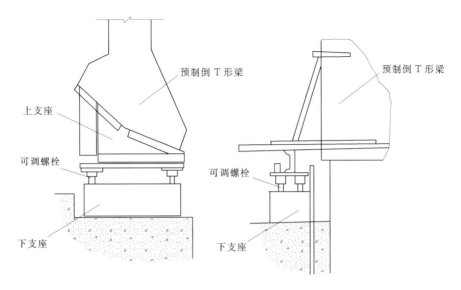

图 4-34　预制胸墙钢筋混凝土倒 T 形梁模板定位装置示意图

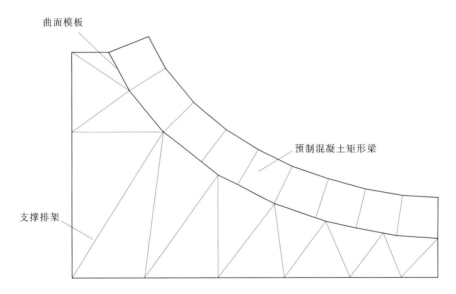

图 4-35　胸墙预制钢筋混凝土矩形梁模板示意图

扣件式满樘脚手架或者普通满樘脚手架拆除。采用满樘式脚手架安全系数较高，但较费工费时，且材料用量较大。

满樘排架支撑定型模板结构在苏只水电站、公伯峡水电站及拉西瓦水电站中均得到了成功运用。

采用型钢八字形支撑，施工时先在厂房胸墙部位指定高程预埋型钢，制作型钢八字形支撑的承重钢架，八字形支撑钢结构上部布置木排架或者钢排架和胸墙模板。八字形支撑的承重钢结构相比满樘式脚手架结构，材料用量少，缩短工期，但在安装及拆除时施工难度较大，安全风险较高。

八字形支撑的承重钢结构在甘肃洮河莲麓一级水电站中得到了成功运用。

（1）满樘排架支撑钢（木）模板（见图4-36～图4-38）。

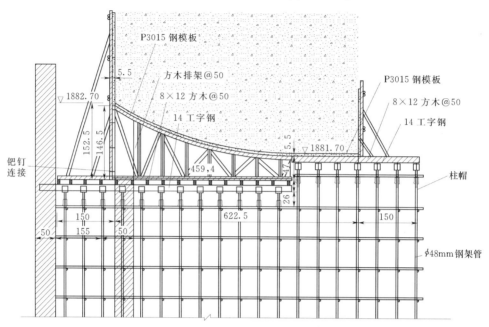

图4-36　苏只水电站胸墙满樘排架支撑示意图（单位：cm）

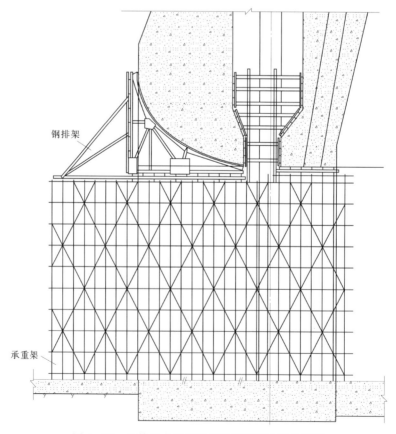

图4-37　公伯峡水电站胸墙满樘排架支撑示意图

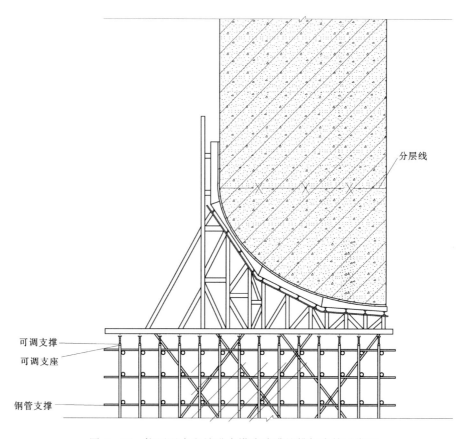

图 4-38　拉西瓦水电站进水塔胸墙满樘排架支撑示意图

（2）八字形支撑钢（木）模板（见图 4-39～图 4-42）。

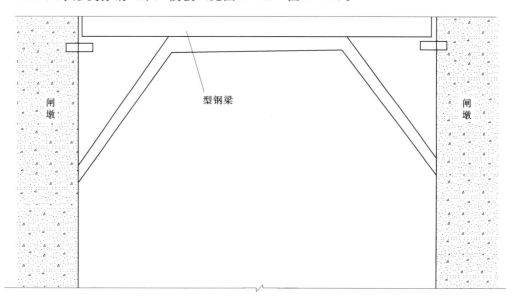

图 4-39　胸墙八字形支撑示意图

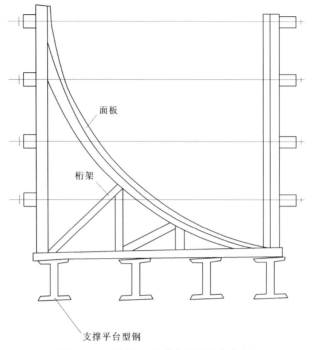

面板

桁架

支撑平台型钢

图 4-40　胸墙八字形支撑模板侧视图

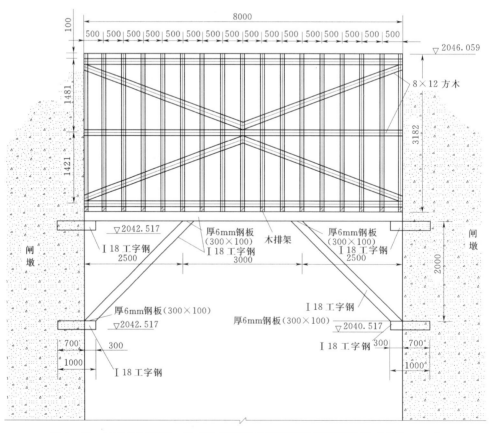

图 4-41　甘肃洮河莲麓一级水电站胸墙八字形支撑模板正视图（单位：mm）

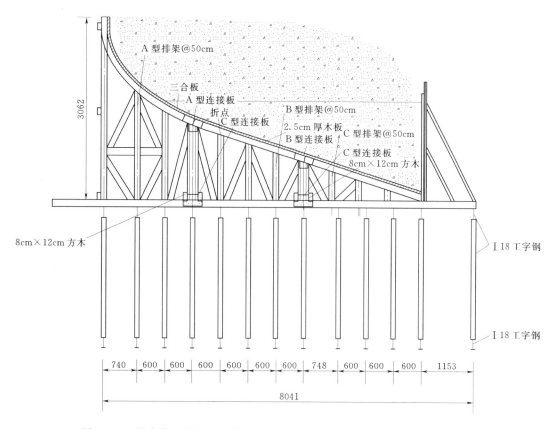

图 4-42 甘肃洮河莲麓一级水电站胸墙八字形支撑模板侧视图（单位：mm）

4.7.3 型钢桁架梁反吊模板

型钢桁架梁反吊模板的方法（见图 4-43）也很方便，对于加快进度效果明显。但钢材耗用量较大，造价较高。

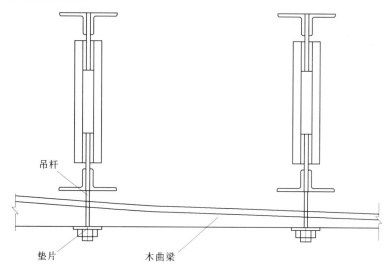

图 4-43 型钢桁架梁反吊模板示意图

型钢桁架梁反吊模板实例：

向家坝主厂房尾水墩自高程 273.00m 开始为跨尾水出口的连续墙体，墙体上下游方向宽度为 2.3m，其中下游挑出尾水墩 50cm，左右跨度 12.75～14.55m 不等，该墙体距尾水扩散段底板 39.750m，均为悬空混凝土浇筑，需布设承重结构，施工难度较大。

其中⑦号、⑧号机对应部位，采用四根 I25 型钢加斜八字形支撑的承重结构作为连续墙体的支撑系统，该方法施工时间长，施工难度大，多数工作均为高空作业，存在较大的安全风险。后期将⑤号、⑥号机对应部位，采用型钢桁架梁反吊模板的施工方案，效果较好。

具体做法是，在每台机组对应每孔位置布置一套型钢桁架，每套桁架为 4 榀组成。桁架中心间距为 60cm，上下游各距结构边线 25cm。桁架高度为 1.5m，上下弦杆拟采用 I28b 工字钢，立杆及斜杆拟采用 I18 工字钢，立杆间距为 1.16m。为简化计算，取最大跨度进行验算，即净跨为 14.55m，每端支座处长度为 30cm，桁架总长为 15.15m（4 号桁架），最终将型钢桁架埋入混凝土内，其结构见图 4-44。

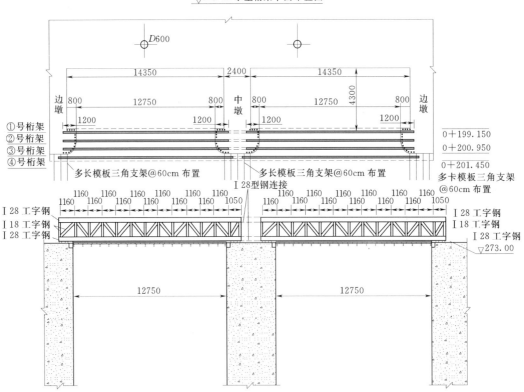

图 4-44　向家坝水电站左岸坝后厂房尾水胸墙型钢桁架梁反吊模板结构示意图（单位：mm）

4.7.4　型钢承重构件吊挂模板

对于一些跨度小的胸墙，也有采用在两边闸墩上设计型钢立柱承重构件和小跨度的型钢横梁，利用型钢横梁构件吊挂模板的方法施工。这种方法施工简单，在混凝土达到设计强度后，对承重横梁结构还可以回收利用，节省材料（见图4-45、图4-46）。

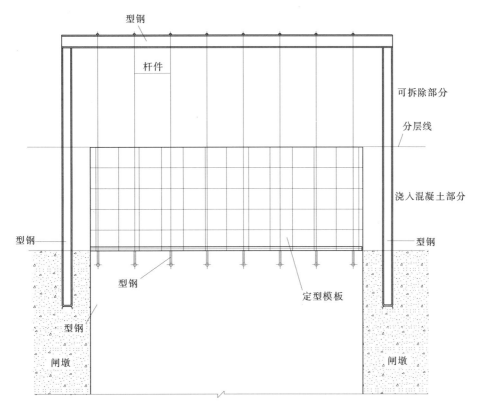

图4-45 钢结构承重构件挂装胸墙模板立面视图

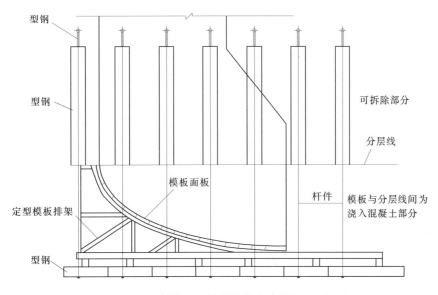

图4-46 钢结构承重构件挂装胸墙模板侧面视图

4.8 蜗壳模板

4.8.1 蜗壳基本形式

蜗壳过水面形状有圆形和梯形两种，高水头运行的机组蜗壳一般采用圆形钢结构，因而不再使用模板；在中低水头运行的机组蜗壳，大多数工程使用梯形钢结构或一部分钢结构，只有少数的工程使用模板围挡形成光滑过水面的蜗壳，其梯形蜗壳见图 4-47。

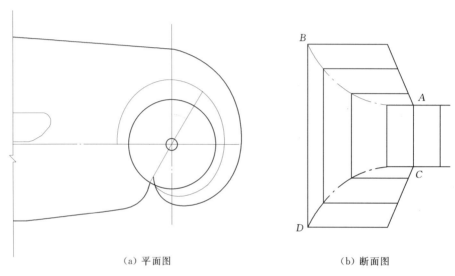

（a）平面图　　　　　　（b）断面图

图 4-47　梯形蜗壳示意图

梯形断面蜗壳的主要特点是顶面是水平的，外侧面是垂直的，内侧上大下小使蜗壳中部的结构呈圆锥形，底面为一螺旋上升的曲面。

4.8.2 模板结构

蜗壳模板可分为分部组合式和现场装配式两种结构形式。一般大中型项目基本采用分部组合式模板结构，在部分小型工程中采用现场装配式模板结构。

（1）分部组合式模板。分部组合模板主要是指蜗壳成型过程中，底板和边墙按照浇筑分层同步成型，顶拱一次成型进行设计和施工。

1）边墙及底板模板。一般当蜗壳边墙高度大于 6m 时，蜗壳模板可按照边墙和底板，顶板分别进行模板设计、制作和安装。

底板一般不要特别制作模板，由技术人员根据蜗壳设计图纸，计算蜗壳底板空间参数，施工中按照混凝土浇筑层，由测量放样控制高程及空间位置，混凝土浇筑过程中采用样轨法施工工艺，人工抹面，可保证底板结构的设计体型。

边墙模板按照蜗壳设计尺寸，计算放样，在木工厂加工定型模板，现场组装。

2）顶板模板。蜗壳顶板模板一般面板采用组合钢模板或胶合板，下部承重架搭设可采用 $\phi 48mm \times 3.5mm$ 脚手架管，搭设满堂支撑系统，立杆间排距为 $600mm \times 600mm$，横杆步距 $1000mm$，立杆顶部设可调系统，用于调节模板面板水平高程。下面以莲麓水电站、苏只水电站、小峡水电站为例说明蜗壳模板设计和施工的一些问题。

3）莲麓水电站蜗壳模板设计。

①蜗壳边墙模板。蜗壳边墙模板分为外侧边墙和内侧边墙，按照蜗壳设计图分别计算内外边墙技术参数，其模板设计程序如下：第一，该蜗壳包角215°；第二，蜗壳模板分3部分组成，分别是：蜗壳外侧、蜗壳内侧、蜗壳进口270°～360°；第三，制作顺序：蜗壳外侧、蜗壳内侧、蜗壳进口270°～360°；第四，每一部位制作顺序：搭设平台、测量放样、方木横带下料、加工槽钢、堆放、连接方木与槽钢（同时面板下料、散板与竹胶板连接）、安装面板、出厂验收；第五，模板间连接确保外观美观，印迹线横平竖直；第六，横带采用80mm×120mm方木与80槽钢共同连接的方式。

②模板主要技术参数计算。蜗壳单线设计见图4-48。

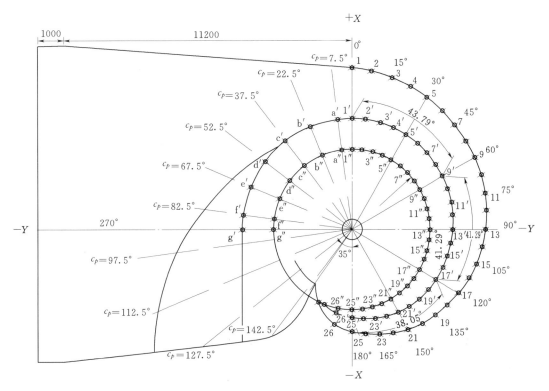

图4-48　莲麓水电站蜗壳单线设计图（单位：mm）

计算蜗壳外侧压力墙底部、顶部坐标见表4-2。

表4-2　　　　　　　蜗壳外侧压力墙底部、顶部坐标计算表（0°～215°）

点号	坐标				
	X/mm	Y/mm	Z下高程/m	Z上高程/m	高度/m
1	6170	0	2026.074	2032.182	6.108
2	6047	−735	2026.094	2032.182	6.088
3	5792	−1552	2026.114	2032.182	6.068

135

点号	坐 标				
	X/mm	Y/mm	Z下高程/m	Z上高程/m	高度/m
4	5449	−2277	2026.174	2032.182	6.008
5	5041	−2910	2026.334	2032.182	5.948
6	4529	−3516	2026.327	2032.182	5.855
7	4001	−4001	2026.420	2032.182	5.762
8	3374	−4446	2026.542	2032.182	5.64
9	2758	−4778	2026.664	2032.182	5.518
10	2110	−5025	2026.790	2032.182	5.392
11	1390	−5187	2026.916	2032.182	5.266
12	755	−5239	2027.053	2032.182	5.129
13	0	−5195	2027.190	2032.182	4.992
14	−649	−5062	2027.326	2032.182	4.856
15	−1295	−4834	2027.461	2032.182	4.721
16	−1819	−4570	2027.590	2032.182	4.592
17	−2406	−4169	2027.718	2032.182	4.464
18	−2868	−3745	2027.840	2032.182	4.342
19	−3258	−3258	2027.961	2032.182	4.221
20	−3561	−2740	2028.152	2032.182	4.03
21	−3785	−2185	2028.343	2032.182	3.839
22	−3928	−1601	2028.584	2032.182	3.598
23	−3983	−1067	2028.824	2032.182	3.358
24	−3968	−523	2029.096	2032.182	3.086
25	−3889	0	2029.367	2032.182	2.815
26	−3583	664	2029.909	2032.182	2.273
B	−2770	1301	2030.451	2032.182	1.731
C	−2072	1434	2030.450		

蜗壳内侧压力墙底部、顶部坐标计算见表4−3。

表4−3   蜗壳内侧压力墙底部、顶部坐标计算表（0°～215°）

点号	坐 标			点号	坐 标			高度/m	斜长/m
	X/mm	Y/mm	Z高程/m		X/mm	Y/mm	Z高程/m		
1′	4234	0	2026.074	1″	3060	0	2030.451	4.377	4.532
2′	4200	−515	2026.094	2″	3038	−373	2030.451	4.357	4.511
3′	4078	−1089	2026.114	3″	2954	−793	2030.451	4.337	4.490
4′	3885	−1627	2026.174	4″	2826	−1180	2030.451	4.277	4.428
5′	3628	−2096	2026.334	5″	2649	−1530	2030.451	4.217	4.366
6′	3288	−2559	2026.327	6″	2414	−1881	2030.451	4.124	4.270
7′	2931	−2925	2026.420	7″	2168	−2165	2030.451	4.031	4.173

点号	坐标			点号	坐标			高度/m	斜长/m
	X/mm	Y/mm	Z高程/m		X/mm	Y/mm	Z高程/m		
8′	2481	−3276	2026.542	8″	1853	−2437	2030.451	3.909	4.047
9′	2039	−3531	2026.664	9″	1529	−2652	2030.451	3.787	3.921
10′	1568	−3732	2026.790	10″	1187	−2821	2030.451	3.661	3.790
11′	1036	−3872	2026.916	11″	794	−2957	2030.451	3.535	3.660
12′	569	−3938	2027.053	12″	435	−3029	2030.451	3.398	3.518
13′	0	−3929	2027.190	13″	0	−3061	2030.451	3.261	3.376
14′	−498	−3866	2027.326	14″	−392	−3035	2030.451	3.125	3.235
15′	−995	−3731	2027.461	15″	−793	−2957	2030.451	2.990	3.096
16′	−1419	−3562	2027.590	16″	−1132	−2843	2030.451	2.861	2.962
17′	−1891	−3285	2027.718	17″	−1529	−2652	2030.451	2.733	2.829
18′	−2286	−2989	2027.840	18″	−1860	−2433	2030.451	2.611	2.703
19′	−2634	−2637	2027.961	19″	−2162	−2165	2030.451	2.490	2.578
20′	−2917	−2248	2028.152	20″	−2423	−1866	2030.451	2.299	2.380
21′	−3137	−1814	2028.343	21″	−2646	−1531	2030.451	2.108	2.182
22′	−3299	−1344	2028.584	22″	−2836	−1159	2030.451	1.867	1.933
23′	−3377	−906	2028.824	23″	−2957	−793	2030.451	1.627	1.684
24′	−3397	−448	2029.096	24″	−3034	−404	2030.451	1.355	1.403
25′	−3346	0	2029.367	25″	−3056	0	2030.451	1.084	1.122
26′	−3173	588	2029.909	26″	−3011	559	2030.451	0.542	0.559
A	−2865	1075	2030.451					0	0

蜗壳进水口点压力墙底部、顶部坐标计算见表 4-4。

表 4-4　蜗壳进水口点压力墙底部、顶部坐标计算表（270°～360°）

点号	坐标			点号	坐标			高度/m	半径/mm	
	X/mm	Y/mm	Z高程/m		X/mm	Y/mm	Z高程/m			
1′	4234	0	2026.074	1″	3060	0	2030.451	4.377	4234	3060
a′	4197	553	2026.074	a″	3034	401	2030.451	4.377	4234	3060
b′	3911	1620	2026.074	b″	2829	1172	2030.451	4.377	4234	3060
c′	3359	2577	2026.074	c″	2426	1863	2030.451	4.377	4234	3060
d′	2573	3355	2026.074	d″	1859	2424	2030.451	4.377	4234	3060
e′	1621	3912	2026.074	e″	1168	2828	2030.451	4.377	4234	3060
f′	551	4197	2026.074	f″	398	3034	2030.451	4.377	4234	3060
g′	0	4234	2026.074	g″	0	3060	2030.451	4.377	4234	3060

③模板结构形式及组装。蜗壳外侧模板分四榀制作，0°～180°之间每60°为一榀，其余一段180°～215°为一榀，莲麓水电站蜗壳外侧压力墙模式见图4-49。

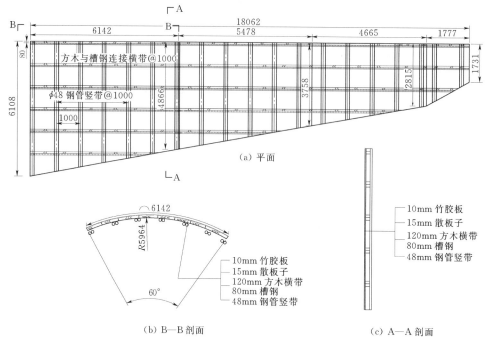

图4-49　莲麓水电站蜗壳外侧压力墙模板（0°～215°）示意图（单位：mm）

蜗壳内侧模板。蜗壳内侧模板分四榀制作，0°～180°之间每60°为一榀，最后一段180°～215°为一榀，见图4-50、图4-51。

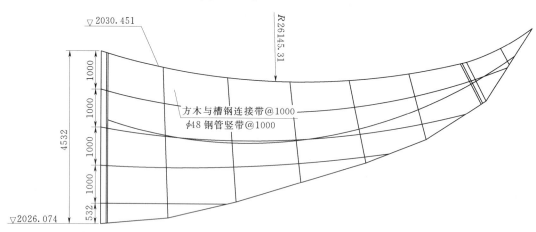

图4-50　莲麓水电站蜗壳内侧压力墙模板（0°～215°）示意图（单位：mm）

进水口压力墙模板。进水口压力墙模板分二榀制作，内加角45°为一榀，见图4-52、图4-53。

④蜗壳顶板模板。蜗壳顶板模板见图4-54。

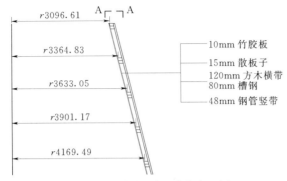

（a）方木横带中心点距结构中心半径

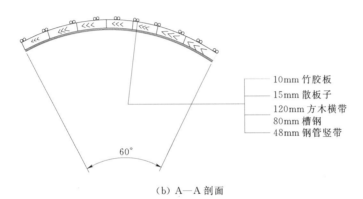

（b）A—A剖面

图4-51　莲麓水电站蜗壳内侧压力墙模板侧面图（单位：mm）

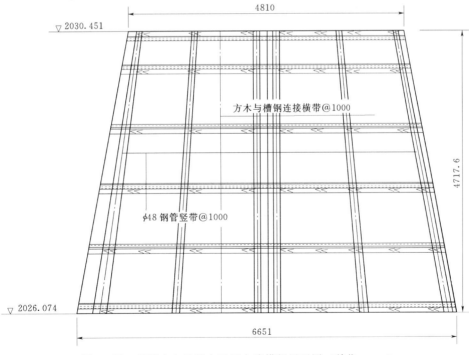

图4-52　莲麓水电站进水口压力墙模板展开图（单位：mm）

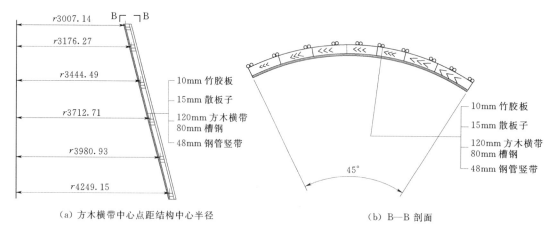

（a）方木横带中心点距结构中心半径

（b）B—B 剖面

图 4-53　莲麓水电站进水口压力墙模板展开图（单位：mm）

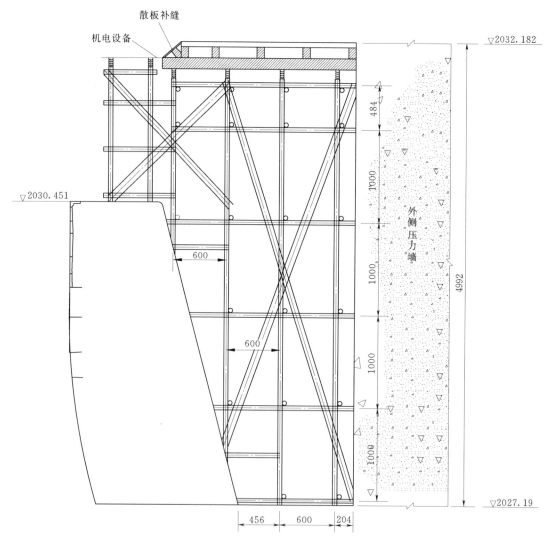

图 4-54　莲麓水电站蜗壳顶板结构图（单位：mm）

4）苏只水电站蜗壳模板。苏只水电站蜗壳模板共四部分，分别是蜗壳外侧，蜗壳内侧、蜗壳进口下部，蜗壳顶板内部。制作顺序：蜗壳外侧—蜗壳内侧—蜗壳进口下部—蜗壳顶板内部。苏只水电站蜗壳机组单线见图4-55。

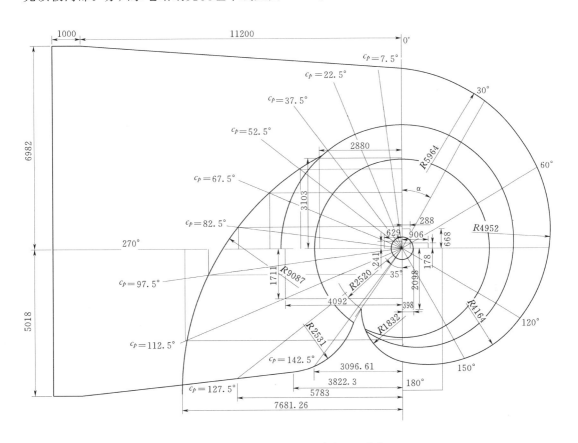

图4-55　苏只水电站蜗壳机组单线图（单位：mm）

①蜗壳外侧模板分9榀制作，坐标以单线图相对坐标为基准。次内楞采用80mm×60mm方木，间距420mm，主内楞采用ϕ14mm钢筋桁架，间距550mm。桁架制作时扣除方木和面板厚度92mm，严格控制150mm桁架厚度，面板采用厚12mm胶合板；主内楞钢筋桁架与80mm×60mm方木用铅丝捆绑，方木钻ϕ6mm的孔，面板与次内楞80mm×60mm方木用木螺丝钉连接，间距42mm×42mm，见图4-56。

②蜗壳内侧模板。蜗壳内侧模板分六榀制作，结构同外侧模板，见图4-57。

③蜗壳顶板模板。蜗壳顶板见图4-58。

5）小峡水电站蜗壳模板。

①混凝土蜗壳体型。小峡水电站为混凝土蜗壳典型断面见图4-59。

②蜗壳模板采用组合小钢模板施工。蜗壳底板为螺旋状上升的斜面，施工时在底板钢筋安装完成后，由测量放样在底板钢筋上焊接钢筋样架，样架顶部高程为混凝土底板高程，样架间距1.5～2m。浇筑时，按照样架高程人工抹面收光，形成混凝土底板。

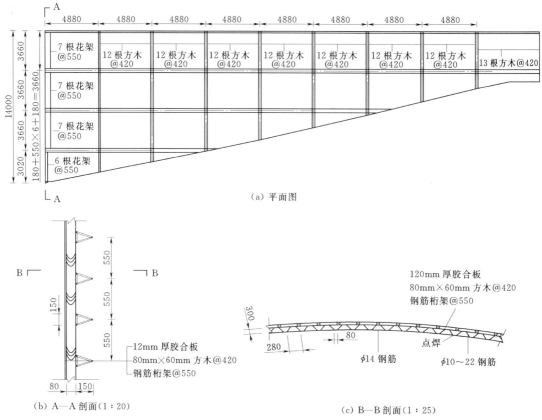

（a）平面图

（b）A—A剖面（1∶20）

（c）B—B剖面（1∶25）

图 4-56　苏只水电站蜗壳机外边墙模板图（单位：mm）

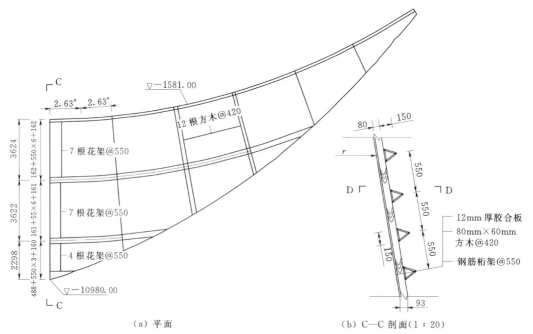

（a）平面

（b）C—C剖面（1∶20）

图 4-57（一）　苏只水电站蜗壳机内边墙模板图（单位：mm）

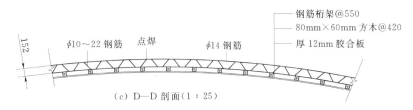

（c）D—D 剖面（1：25）

图 4-57（二） 苏只水电站蜗壳机内边墙模板图（单位：mm）

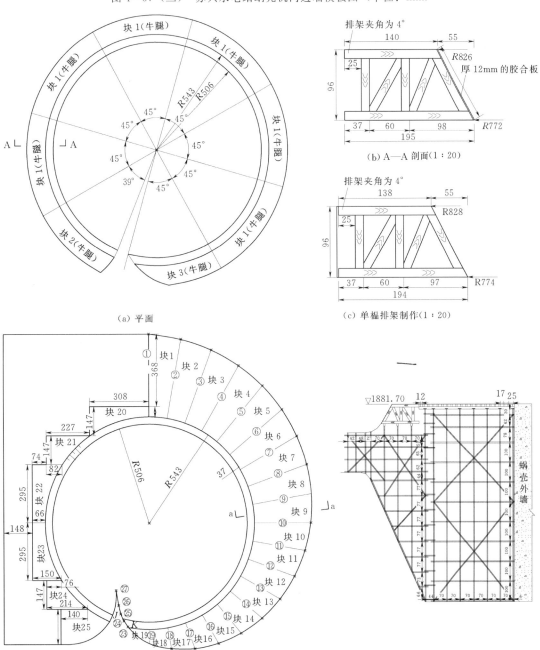

（a）平面

（b）A—A 剖面（1：20）

（c）单榀排架制作（1：20）

（d）蜗壳顶部胶合板配置

（e）a—a 处剖面架管布置立面

图 4-58 苏只水电站蜗壳机顶板模板图（单位：mm）

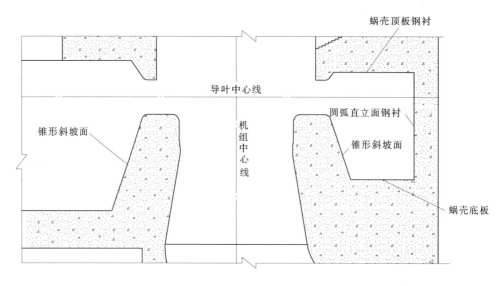

图 4-59　混凝土蜗壳体型断面图

蜗壳内侧锥形斜坡面，采用组合钢模板可满足其混凝土外观体型要求，组合小钢模竖向组拼形成圆弧面。主要采用 P3015 和 P1015 两种小钢模板组拼，对于内侧斜坡锥面采用小钢模组拼后之间的三角形缝隙采用木模补缝。组拼方式为每 3 块 P3015 钢模中加 1 块 P1015 钢模，并在 P1015 钢模上钻直径 16mm 孔用于穿拉杆加固模板。

小钢模外侧采用 φ22～25mm 钢筋水平向每 0.75m 设 1 道横围檩，横围檩上每 1m 竖向设 2 根净距为 2cm 的 φ48mm 钢管作为竖肋，模板拉杆及蝴蝶扣加固在竖向钢管上，其模板结构见图 4-60。

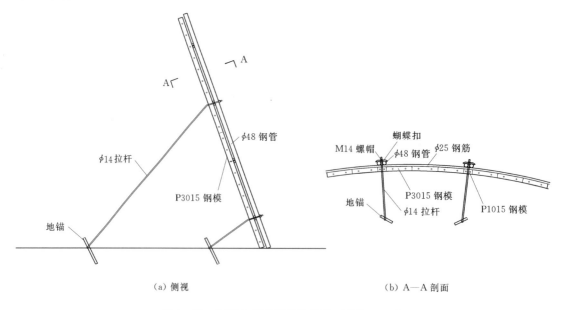

（a）侧视　　　　　　　　　　（b）A—A 剖面

图 4-60　混凝土蜗壳模板结构图（单位：mm）

③蜗壳模板安装程序。蜗壳钢筋安装及校正→在蜗壳钢筋网上采用$\phi20mm$钢筋焊接模板样架→沿钢筋样架组拼钢模板（拼装前先刷模板油）→安装钢筋围檩及钢管竖肋→采用木模补缝→校正模板→焊接拉杆→模板验收、验仓→混凝土浇筑中专人随浇筑过程校正模板→混凝土等强拆模→角磨机割除拉杆→磨光机对混凝土打磨修整。

（2）现场装配式模板。

1）当蜗壳边墙小于 6m 时可采用现场装配式模板结构，蜗壳模板一般按每隔10°分一条线（以图 4－61 为例），共分 26 节，分节具体尺寸按照计算确定。

2）按照计算结果，在加工厂放样制作单榀排架结构见图 4－61。

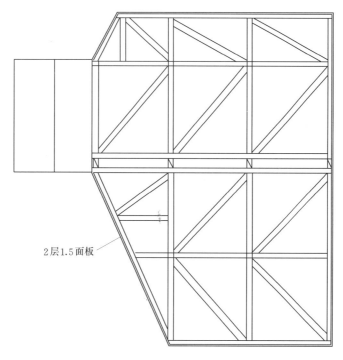

图 4－61　排架结构图

3）现场拼装：由于蜗壳体型复杂且体积大，必须分段制作。1－10 为一段、10－19 为一段、19－24 为一段、24－27 为一段、32－1 为一段，共五段，其中 1－24 分段是三个段只是先配好料，在现场根据座环拼装连接，32－1 分段由于体积太大，在现场拼装，蜗壳模板组装见图 4－62。

4）蜗壳内外侧立面模板因为要形成弧形，一般内侧采用两层 15mm 薄板，一层竹胶板；外侧采用二层 15mm 薄板，一层竹胶板；蜗壳底面是扭曲面，采取将排架的底面按底板的扭曲面补顺。

5）蜗壳模板总装时，应首先安装 1－10 分段和 10－19 分段，经检查合格后再安装 32－1 分段、19－24 分段，最后安装 24－27 分段。

6）在混凝土达到设计强度后，方可进行蜗壳模板拆除，为防止损坏混凝土面，应由进水口开始，逐步向里拆。

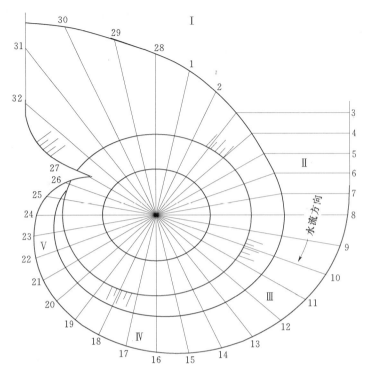

图 4-62 蜗壳模板组装示意图

4.9 尾水扩散段模板

尾水扩散段由近似于椭圆形渐变为方形，四个角呈空间曲面渐变，根据结构设计不同，流道常见的有单腔型、2孔3墩型和3孔4墩型（包括边墩）等。

尾水扩散段流道空腔逼真度（包括结构型式、尺寸、平整度、糙率）影响水力效率，其模板制作精度要求高，大致可分为定型钢木结合模板、木模板、预制倒T形梁模板。

4.9.1 定型钢木结合模板

当扩散段中墩和腔体少、孔口尺寸及圆弧半径较小时，宜采用定型钢木结合模板。

四个角渐变圆弧部位采用定型钢模板或木模板，平面部位采用定型钢模板或组合钢模板。渐变圆弧模板按分节（长度1.5～3.0m）制作。

下层混凝土内须提前预埋锚固钢筋，以防止混凝土浇筑时模板产生位移。顶板部位搭设满堂红承重架，模板按轮廓坐标依次铺设在承重架上。钢模板间连接采用U形卡。圆弧木模板与钢模板应对齐，接缝严密，用拉杆和钢管支撑顶紧加固。

阿海水电站尾水扩散段定型钢模板结构见图4-63，柴家峡水电站尾水扩散段定型钢木模板结构见图4-64。

4.9.2 木模板

当扩散段渐变圆弧半径较大时，宜采用木模板。

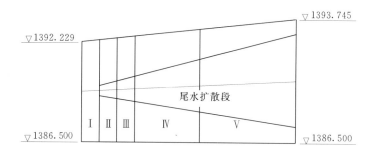

（a）平面

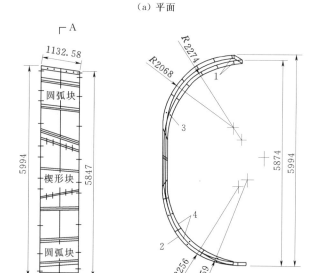

（b）Ⅲ大样　　　　　　（c）A—A剖面

图 4-63　阿海水电站尾水扩散段定型钢模板结构示意图（单位：mm）

1—钢围檩（100mm×48mm×5.3mm 槽钢）；2—钢面板（8mm 厚 Q235 钢板）；

3—φ18mm 螺栓孔；4—10mm 筋板

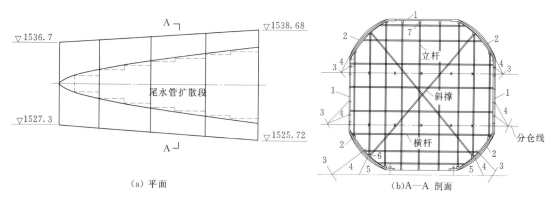

（a）平面　　　　　　　　　　　　　（b）A—A剖面

图 4-64　柴家峡水电站尾水扩散段定型模板结构图（单位：m）

1—小钢模；2—木模；3—地锚；4—拉杆；5—内撑；6—底托；7—顶托

木模板分节（长度 1.5～3.0m）分块制作，采用木骨架和木面板形式。木骨架规格为不小于 5cm×10cm 的方木，板筋带和支撑杆节点处用 25mm×100mm×200mm 木夹板两侧夹紧，并配以抓钉加固，每榀排架间用 25mm×100mm 方木板连接锁定，并钉固斜撑板。木面板采用 25mm 厚木板，面板钉固在板筋带上，表面可增设胶合板或 PVC 塑料板等覆面材料。胶合板应做防水处理，在表层板接缝处，常用两层 5～8mm 软木木条板钉固，也可采用密封条。

公伯峡水电站厂房尾水扩散段模板见图 4-65～图 4-68。

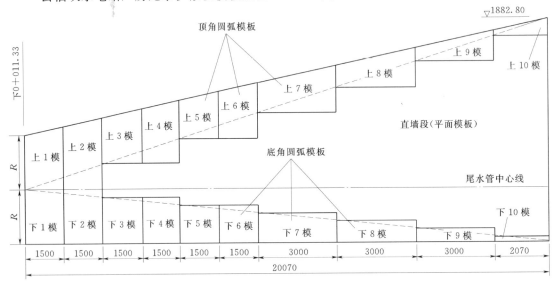

图 4-65　尾水扩散段模板配置图（单位：mm）

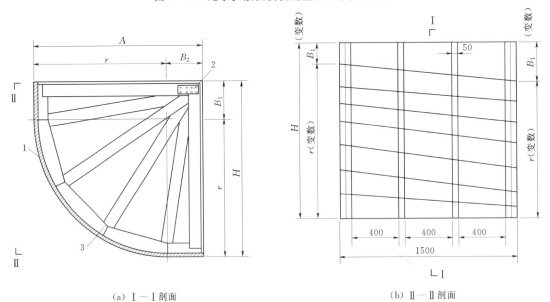

（a）Ⅰ—Ⅰ剖面　　　　　　　　　　　　　（b）Ⅱ—Ⅱ剖面

图 4-66　扩散段下 6 模板结构图（单位：mm）

1—面板（厚 30mm，表面钉 3mm PVC 塑料板）；2—连接钢板或木夹板；

3—强筋骨架（5mm×10cm 方木）

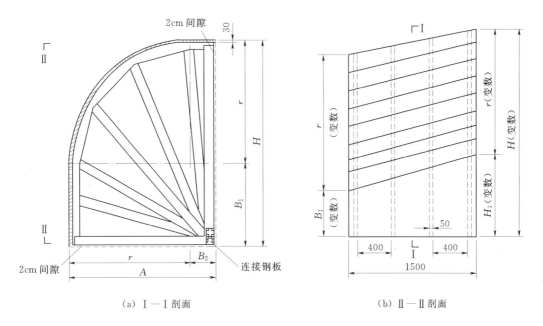

（a）Ⅰ—Ⅰ剖面   （b）Ⅱ—Ⅱ剖面

图 4-67 扩散段上 4 模板结构图（单位：mm）

A—骨架总宽度；H—骨架总高度；B_1—直线高度；B_2—直线宽度；r—圆弧半径

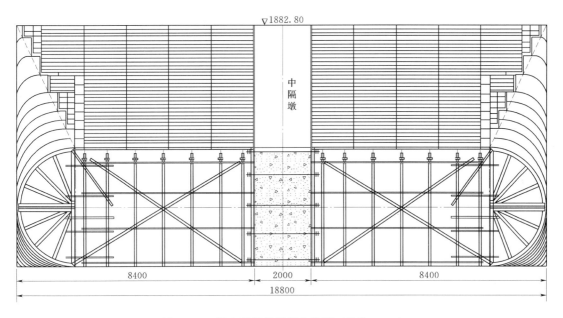

图 4-68 尾水扩散段模板安装图（单位：mm）

4.9.3 预制倒 T 形梁模板

当扩散段腔体和孔口尺寸较大、墩墙与顶板之间无渐变圆弧或渐变圆弧较小时，其顶板部位可使用预制倒 T 形梁模板。

预制倒 T 形梁的生产、吊装等要求参见第 3.10 节预制混凝土模板相关内容。在采用该模板施工时，应注意保证模板的体型，确保足够的龄期，安装时台口及梁端吻合的精确度。在安装完成后，应及时浇筑接头混凝土。预制梁上部混凝土浇筑厚度，应根据预制梁的承载能力计算确定。

向家坝水电站尾水扩散段顶板预制倒 T 形梁模板结构见图 4-69。

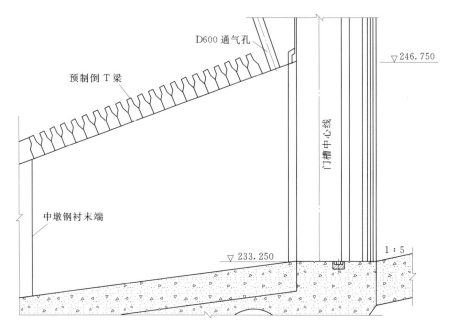

图 4-69　向家坝尾水扩散段顶板采用预制倒 T 形梁模板结构图（单位：m）

4.10　引水隧洞弯段现支组合模板

引水隧洞弯段多为二次曲面，要做成完全符合设计尺寸的弯段模板，工程量极大。一般做法是根据引水管弯段的结构尺寸，将每个浇筑段的模板面分为若干个模板单元，即得数个椭圆柱面，使径向支撑模板的拱架为圆形断面，但在推求模板尺寸时，则以截头圆柱代替这个椭圆柱面，简化弯段曲面。再根据《水电水利工程模板施工规范》（DL/T 5110—2013）中模板安装允许偏差的要求将曲面等分成数段，段间直线连接，现取弯管内侧模板长为 800mm，先画辅助圆并等分圆周，作水平线交出 $m'n'$ 点，即得 MN 线段的实长，据此画出模板展开图（见图 4-70）。也可通过几何分析，推导计算公式：

$$MN = \left(R\cos\frac{\beta}{2} + r\cos\alpha \right)\tan\frac{\beta}{2}$$

$$S = \frac{\alpha\pi r}{180}$$

式中　MN——模板表面长度；

　　　　S——弯段模板（正截面）的展开长度；

　　　　R——弯段中心半径；

r——隧洞截面圆半径；

β——两邻拱架中线的夹角；

α——辅助圆中，计算点 m''（n''）与对称轴的夹角。

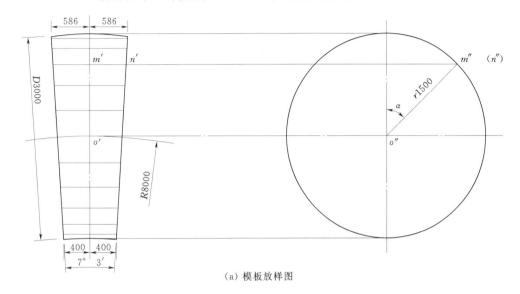

（a）模板放样图

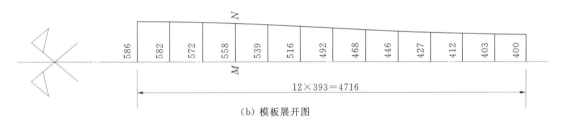

（b）模板展开图

图 4-70 弯管段模板放样及展开图（单位：mm）

引水隧洞弯段采用现支组合模板。按模板材质的不同，常见组合形式有定型小钢模板、纯木面板和定型大钢模板及钢模台车等。桁架根据洞径大小由若干榀组成，桁架中心排距控制在 60～80cm 之间，顶拱最大间距不大于 80cm，每榀桁架之间用钢筋、型钢固定。支模顺序先支下半拱模板和桁架安装，再支上半拱模板和桁架安装。钢桁架、木桁架或钢木桁架的支撑加固一般采用满堂架管支撑。

4.10.1 定型小钢模板

适用于转弯内弧半径 9.0m 以上，且洞径超过 3.0m 的弯段，根据弯段的结构体型，在加工厂用脚手架管制作拱架片和不同规格的定型曲面钢模板（适合现场人工可以搬运的规格），并对曲面钢模标明位置和顺序号，现场按顺序进行拼装和加固。在曲面误差满足规范的前提下，也可直接使用标准小钢模板配合少量木面板，进行现场拼装（见图 4-71）。

这种组合的定型钢模板可多次周转，木材用量小，符合模板选材原则，且这些单元都是现场可以人工搬运的，适合现场安装。实施过程中，为保证混凝土浇筑质量，需对模板缝隙采用油泥进行填塞，并涂刷脱模剂。呼和浩特抽水蓄能电站引水隧洞弯段工程实例见图 4 – 72。

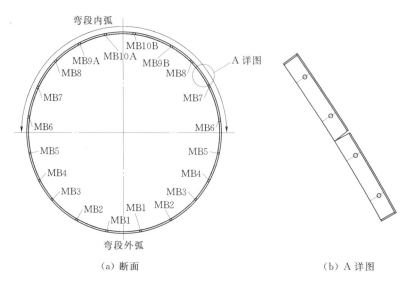

（a）断面   （b）A 详图

图 4 – 71　拉西瓦水电站引水隧洞弯段定型小钢模板组装断面图

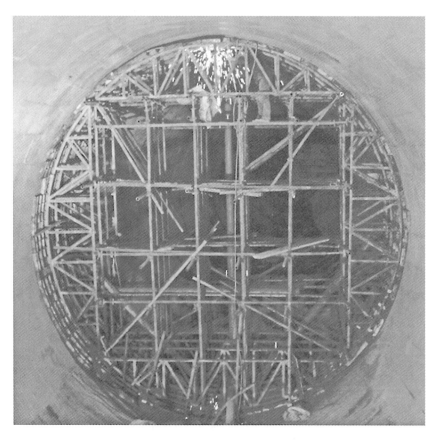

图 4 – 72　呼和浩特抽水蓄能电站引水隧洞弯段模板实例

4.10.2 纯木面板

适用于任何转弯半径、任何转角和任何洞径的弯段，适用范围广，根据弯段的结构体型，在加工厂用型钢做成拱架、或钢木拱架或木拱架，在拱架上铺钉木面板（一般为铺钉2~3层薄板，模板宽度一般为8~12cm，第一层为承重传力板，不满铺，一般错缝2~3cm，厚度1.5~2cm，其余层5~8mm，以保证结构面平顺光滑），运输现场整体安装加固。对木工专业水平要求较高，安装前需整体拼装或分块进行拼装，将拼装误差在出厂前减少到最低，这种方法的特点是，木材用量大，现场安装用时短、混凝土外观成型质量好，其实例见图4-73。

图4-73 引水洞弯段现支木模板组合实例

4.10.3 定型大钢模板

根据弯段的结构体型，也可以在加工厂直接制作成大型的曲面钢模板单元，运输至现场进行单元吊运拼装加固。这种方法特点是：模板刚度好，能充分保证结构体型；但安装困难，现场需要利用起重设备。如拉西瓦水电站进水塔引水洞弯段模板，其布置见图4-74。

4.10.4 钢模台车

弯段模板也可以采用钢模台车，详见第3.9.2条分离式钢模台车的相关内容。在此不再重述。

工程实例如下。

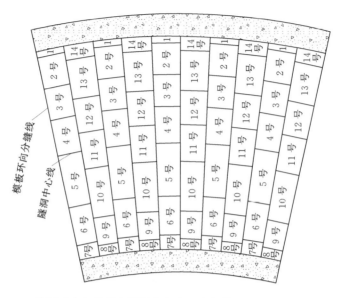

图 4-74 拉西瓦水电站引水隧洞弯段定型大钢模板组装仓位半剖面布置图

拉西瓦水电站共布设 6 台机组，其引水洞弯段均分为上弯段和下弯段，弯段转角 90°，转弯半径 26m（1 号机上弯段除外）。每个弯段混凝土平均分为 4 个仓号浇筑，以引水洞中心轴线垂直剖面计，每个仓号外弧长 12.08m，内弧长 8.34m。引水洞共计弯段 12 个。

每条引水洞断面直径均为 9.5m 的圆形断面，圆周长 29.83m。

模板方式一：先期施工的 6 号机，弯段模板采用专制的大钢模板，每个仓号模板由 9 环组成，每环由 14 块组成。单块模板最长的为 2.484m，最短为 1.656m，单块模板最宽为 1.341m，最短为 0.927m，单块模板展开为等腰梯形，模板所组成的体型与设计体型偏差均在规范要求范围之内。单套模板总重约 78.33t（包括模板系统、加固系统、模板内架等）。每个仓位总共模板套数为 63×2＝126 套。这种方法特点是：模板刚度好，能充分保证结构体型；但安装困难，现场需要利用起重设备。由于现场安装、拆除都很困难，此方式仅在 6 号机下弯段进行了使用。其他机组弯段模板采用了专制的曲面小钢模板。

模板方式二：后期施工的其他机组，弯段模板采用专制的曲面小钢模板，每个仓号模板由 28 环组成，每环由 20 块组成，单块模板长统一为 1.492m，单块模板最宽边为 0.435m，最短边为 0.300m，每个仓位总共模板套数为 28×20＝560 套。这种组合的定型钢模板可多次周转，木材用量小，符合模板选材原则，且这些单元都是现场可以人工搬运的，适合现场安装。使用后效果很好，保证了工程质量，也满足了工程进度。

4.11　堆石坝护坡模板

混凝土面板堆石坝上游坡面的传统施工方法是在垫层料填筑时，上游边线超出设计边线约 40cm，一般按层厚 40cm 分层碾压。填筑一定高度后，进行机械或人工削坡处理，反复地斜坡碾压，使之达到设计边坡线。为了对坡面进行保护，一般在坡面检验合格后，采用涂抹厚 8～10cm 砂浆或喷涂乳化沥青的方法进行保护。这种传统施工方法不仅费工、费时，影响整个大坝的填筑进度和质量，而且坡面垫层料的填筑密实度难以保证，斜坡碾压对施工安全十分不利。针对以上问题，近年来在坝面施工中产生了翻模固坡、挤压边墙、预制混凝土模板技术。

4.11.1 翻模固坡

翻模固坡技术原理：在大坝上游坡面支立带楔板的模板，在模板内填筑垫层料，振动碾初碾后拔出楔板，在模板与垫层料之间形成一定厚度的间隙，向此间隙内灌注砂浆，再进行终碾，由于模板的约束作用，使垫层料及其上游坡面防护层砂浆达到密实并且表面平整，模板随垫层料的填筑而翻升。

越南小中河水电站位于越南老街省沙巴县达万乡，距我国边境河口县 60 多 km 左右，主要建筑物是 35m 高的堆石面板坝，3697m 的隧洞，2164m 的压力钢管制作安装和装机 2×1.1 万 kW 的水电站厂房，设计发电水头 833.6m。越南小中河固坡翻转模板结构（见图 4-75、图 4-78）。

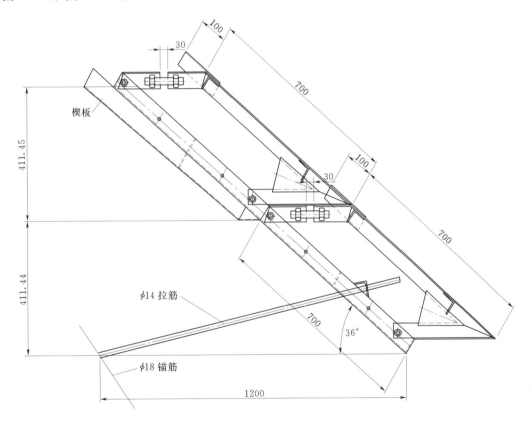

图 4-75　翻转模板结构图（单位：mm）

4.11.2 挤压边墙护坡

混凝土挤压式边墙施工技术是混凝土面板堆石坝上游坡面施工的新方法，该技术具有提高垫层料的碾压质量，简化施工工艺，简便、及时地防护上游坡面等特点，目前正在逐步被推广应用。

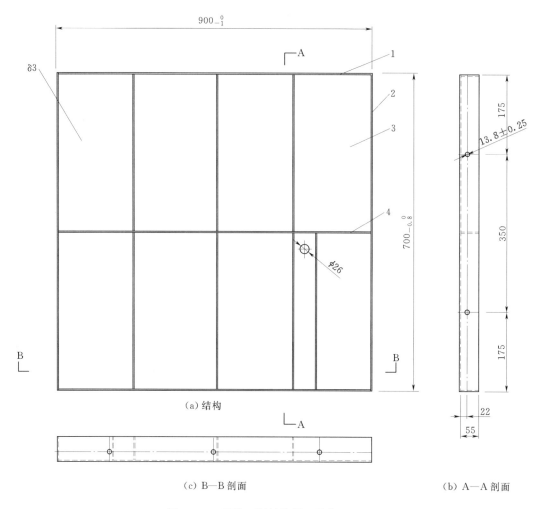

图 4-76　翻模面板结构图（单位：mm）

1—边框；2—端框；3—面板；4—横肋

在国内，陕西省水电工程集团公司率先使用了这一技术，成功研制了边墙挤压机，在黄河公伯峡混凝土面板堆石坝工程中成功应用。

挤压式边墙施工技术是利用挤压机械，使经过试验确定的坍落度为零的干硬性混凝土在垫层料边缘形成一道小墙。该墙断面为不对称梯形，其上游为斜面并与设计坝体坡面一致。下游面为近似垂直的坡面，高度为 40cm，与垫层料填筑层厚一致。在混凝土中掺配一定量的速凝剂，在其内侧填筑垫层料，用普通振动碾垂直碾压。经检验合格后在工作面上再做一层挤压墙，如此工序循环反复，最终形成连续完整的符合设计要求的上游坝面。

与传统工艺相比，其优点为：

（1）连续施工，避免了因人工削坡、斜坡碾压等工作造成坝面前沿填筑的中止，保证了施工进度。

（2）层料区由斜坡碾压变为垂直碾压，可以使用普通的振动碾，既方便施工，又方便检验，施工质量得到保证，对安全生产也有很大好处。

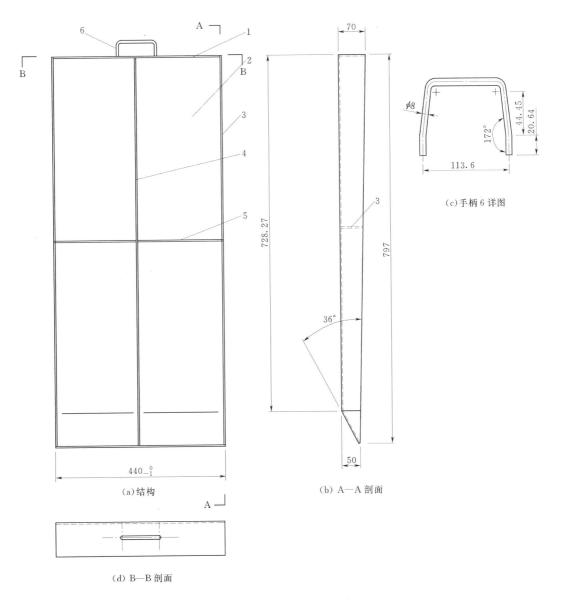

图 4-77 翻模楔板结构图（单位：mm）

1—端框；2—面板；3—端框；4—竖肋；5—横肋；6—手柄

（3）垫层料不需要超填 40cm，避免了垫层料的浪费。

（4）施工工艺极大地简化，减少了垫层料的超填、削坡、修整、斜坡碾压、涂抹砂浆等工序。

（5）连续的边墙形成了规则平整的坡面，对垫层料起到很好的保护作用，同时，对下一步面板混凝土的施工打下了良好的基础。

（6）如果采取适当措施降低挤压墙的渗透性，可以直接用于坝体的挡水度汛。

挤压式混凝土边墙施工成功的关键是必须具有性能可靠、效率较高的挤压机械。公伯峡面板坝所用的挤压机是由陕西省水电工程集团公司自行开发研制的。其工作原理类似螺

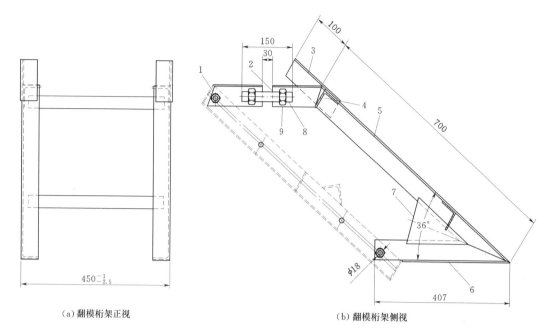

(a) 翻模桁架正视　　　　　　　　　　　　　　(b) 翻模桁架侧视

图 4-78　翻模桁架（单位：mm）
1～6—角铁；7—连接板；8—调节螺杆；9—螺母

旋输送机，由动力装置带动近似于螺旋桨的挤压装置，将干硬性混凝土连续不断地挤入成型槽内，随着混凝土密实度的提高，挤入新的混凝土将变得困难，这时挤压力的反作用力可推动挤压机前进，实现连续施工。根据其工作原理，可通过调整挤压机自身的重量（即增加或减少配重铁块）来调整挤压混凝土的密实度及挤压机的前进速度。公伯峡水电工程所使用的挤压机的施工速度为 40～60m/h，平均速度为 44m/h，挤压混凝土密实度为 2.0～2.2t/m³。

4.12　碾压混凝土坝模板

4.12.1　预制混凝土模板

在我国碾压混凝土坝坝体施工中，坝面为台阶或斜面的坝体一般采用预制重力式混凝土模板（见图 4-79），垂直面采用Ⅱ形重力板式混凝土模板（见图 4-80）。内部常态（或变态）混凝土过渡。随着变态混凝土的广泛应用，以及碾压混凝土特制模板技术的成熟，坝面预制混凝土模板的使用逐渐减少或基本不用。

（1）模板结构尺寸。矩形或梯形重力式混凝土模板规格一般长 2～2.5m，高 60cm，宽 80cm，内配构造筋。Ⅱ形重力板式混凝土模板高 120cm，宽 198cm，板厚 15cm，内配结构钢筋。预制模板混凝土的标号依坝体混凝土标号确定，一般有结构钢筋配置的不宜低于 C20 标号混凝土。

（2）模板的预制与安装。混凝土模板在后方预制构件厂预制，汽车运到现场安装。预制时，底模场地要平整，采用定型模板批量生产，及时养护。所有预制模板与新浇混凝土

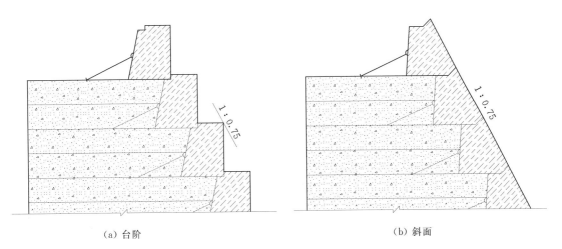

（a）台阶 　　　　　　　　　　　　　　（b）斜面

图 4-79　台阶、斜面混凝土预制模板示意图

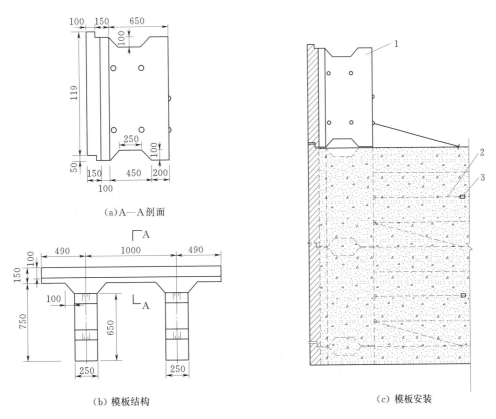

（a）A—A 剖面

（b）模板结构 　　　　　　　　　　　　　　（c）模板安装

图 4-80　Ⅱ形预制模板结构及安装示意图（单位：mm）

1—预制混凝土模板；2—φ16mm 预埋拉模条，预埋拉模条长度为 150cm；3—预埋拉模块

接触的外表面在拆模后须做打毛处理，只有当预制混凝土强度达到 75% 时，才能吊运，达到设计强度时方可使用。

　　现场安装前，先在原混凝土面上铺水泥砂浆，并用木水平尺找平，若高差过大时，可用铁片、扁平石块垫平，灌满砂浆，然后安装混凝土模板，并校正平面位置及保持垂直。两块木板之间预留 2cm 缝隙，固定好拉模条。在浇筑混凝土时，用砂浆填满缝隙，并勾缝。

4.12.2 碾压混凝土坝诱导缝模板

碾压混凝土坝体因碾压混凝土技术的不断成熟与改进而逐步向高坝发展。在重力坝中，因各个断面单独承受荷载和维持稳定，诱导缝一般采用切缝方式成型。但在拱坝设计中，因拱坝是整体性承受荷载，为防止坝体施工期温度应力产生贯穿性裂缝，破坏坝体整体稳定性，结构设计上设置一定数量的诱导缝，后期需灌浆连成整体。

在普定碾压混凝土拱坝中，共设置 3 条诱导缝将坝体分为四段，缝间设有灌浆系统。诱导缝是采用两块对接的多孔混凝土成缝板，成缝板事先预制，板长 1.0m，高 30cm，厚 4~5cm。按双向间断的形式布置，水平方向间距 2.0m，垂直方向间距 60cm（每隔 2 个碾压层），并在诱导缝中预埋灌浆管。成缝方法是：在埋设层碾压混凝土施工完成后，再挖沟掏槽埋设多孔混凝土成缝板。

沙牌碾压混凝土拱坝，坝高 130m，是我国第一座高碾压混凝土拱坝。坝内结构分缝设置为 "2 条诱导缝＋2 条横缝" 的组合方式。

在沙牌拱坝中，诱导缝采用重力式预制混凝土成缝模板见图 4-81。预制模板长 1.0m，高 30cm，底宽 35cm。诱导缝模板每两块模板对接成缝，沿水平径向间隔 0.5m，垂直方向间隔 0.6m（即每两个碾压层）布设一间断诱导缝。横缝模板设有两种类型：一种是适应埋设灌浆管路；另一种是设置有弧形键槽。在缝面上每上升一个碾压层埋设一次模板，每 6.0m 高度设置一个灌区。

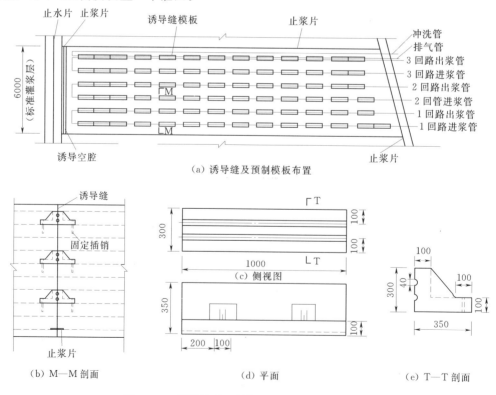

图 4-81　诱导缝及预制模板结构图（单位：mm）

4.13 变曲率模板、变曲率桁架模板和柔性模板

变曲率模板是用于变曲率表面的模板（见图 4-82），包括曲率可调的面板、支撑面板的支架和跨接支架的横杆，通过改变横杆在支架之间的有效长度对面板曲率进行调节。用模板连接件连接两个对置的模板构件。横杆同时用作模板连接件的支撑件。通过对横杆与支架的连接点沿横杆延伸方向进行调节来改变横杆的有效长度。变曲率模板的宽度可以取 300mm、200mm，长度可以取 1500mm、900mm、600mm。实践经验表明，这种变曲率模板可以达到的最小曲率半径约为 2.5～3.0m。

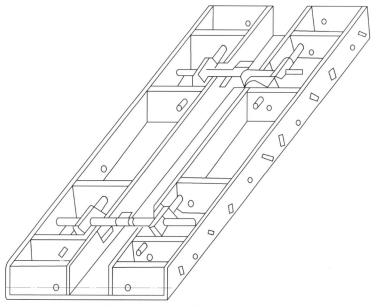

图 4-82　变曲率模板结构示意图

变曲率桁架模板常用于溢流面施工，详见第 4.6 节溢流面模板相关内容。

柔性模板(见图 4-83)利用钢面板的弹性变形形成曲面，用于圆形筒壁、曲面墙体等部位。

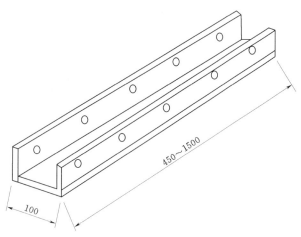

图 4-83　柔性模板结构示意图（单位：mm）

5 模板制作和安装

5.1 模板制作

5.1.1 现场制作

（1）现场制作的模板主要为木模板、胶合板模板和预制混凝土模板等。

（2）模板制作平台布置场地必须平整、坚实，易于排水，平台面要用水平仪抄平。

（3）现场制作的模板体型不宜过大、过重，以两人能抬动为宜。

（4）配置好的模板必须要刷脱模剂，模板按规格、型号、尺寸、使用部位、分类编号，分别堆放保管，以免安装时搞错。

（5）成品模板堆放在防雨、干燥通风、防火安全的地方，精心遮盖保护，以免在使用前变形。

5.1.2 工厂定制

（1）用于钢模板加工制作的钢材必须符合钢模板施工图所规定的钢材品种规格，钢材材质必须符合规范要求。

（2）用在钢模面板上的材料其面板部分表面必须平整光滑、表面无损伤变形、面板料厚度误差在国家标准范围内。

（3）用于钢模板面板的板料，其工作面板部位严禁使用板面锈蚀（麻坑麻点）、麻面或带有搓板缺角缺边（剪板撕边）的次板。

（4）组合肋板、角钢、槽钢及其他型钢必须顺直无变形（变形死弯），主要受力处的筋肋必须选用整料。对于异形折角圆弧等无法使用整料的部位必须严格按照图纸结构形式要求选用。

（5）钢模在排料、下料时对于焊接量较大的部位，下料时应预留焊接收缩量。

（6）钢模板组合装配、加工应按图纸规定的尺寸模数加工，中心孔坐标尺寸位置准确，且必须保证钢模板的组合精度及装配过程的互换精度。

（7）单块模数尺寸钢模板，严禁用碎板料对接组拼，面板尺寸超出市场供货尺寸的或用于组合分解处的板面除外。

（8）面板料、边板料、组合肋条料，在组合拼装前必须做矫正处理，且保证平顺直无折痕并清除剪板过程的咬角及毛刺。

（9）钢模板组装前矫正，严禁用大锤直接锤击矫正，矫正时应加垫钢板，矫正后严禁有凹凸坑和矫正压痕。

（10）钢模板骨架和钢模成型必须在胎模上施工，对于组合装配用的螺栓孔，在组合装配时应预先拧紧螺栓，防止在组配时螺栓孔或其他相邻部位尺寸错位。

5.1.3 各类模板制作

（1）木模板制作应遵守下列规定：

1）木模板及支撑系统所用的木材，不应有脆性、严重扭曲和受潮后容易变形的木材。

2）木模厚度：侧模一般可采用厚 20～30mm，底模一般可采用厚 40～50mm。

3）钉子长度应为木板厚度的 1.5～2 倍，每块木板与木档相叠处至少钉上 2 只钉子。

4）木模与混凝土接触的表面应平整、光滑，多次重复使用的木模应在内侧加钉薄铁皮。

5）木模的接缝可做成平缝、搭接缝或企口缝。当采用平缝时，应采取措施防止漏浆，木模的转角处应加嵌条或做成斜角。

6）重复使用的模板应始终保持其表面平整、形状准确，不漏浆，有足够的强度和刚度。

（2）胶合板模板制作应遵守下列规定：

1）模板制作时电锯切割一律用小直径合金钢锯片，以达到模板切割质量，配模时所有接缝处要进行刨光拼缝，不准切割后直接使用。

2）模板切割时，先计算好切割模数，防止材料浪费。

3）柱、梁模板制作按照图纸柱号、梁号、分类编号制作，模板下料前先计算好模数，弹好墨线再进行切割制作。

4）制作好的梁柱模板要按顺序编号，堆放整齐，堆放在阴凉干燥处，以防变形。

5）异形结构的模板需事先放好大样，按大样规定的尺寸进行加工。

6）配制柱、梁底、梁帮、方木背楞一定要按照规定的间距进行制作，过稀则模板刚度不够，产生侧位变形和整体不稳定，过密则造成材料浪费，具体规定在模板安装中说明。

（3）预制混凝土模板制作应遵守下列规定：

1）预制场底面采用水泥砂浆抹面后铺设一层塑料薄膜，保证预制板面平整、光滑，侧模板应可靠连接，不允许走模变形，底面场地平整度误差为 ±0.5cm。

2）当预制模板与现场混凝土结合面承受的抗剪能力较小时，可在预制混凝土表面加工成具有粗糙、划毛的表面；当结合面承受的抗剪能力较大时，除要求表面粗糙、划毛外，还要增设抗剪钢筋，其规格和间距由设计计算确定。

3）预制模板混凝强度等级一般为 C30～C40，配置混凝土使用的水泥采用 32.5MPa 和 42.5MPa 等级的硅酸盐水泥、普通硅酸盐水泥和矿渣硅酸盐水泥；石子宜采用碎石，其最大粒径不应大于预制模板截面最小尺寸的 1/4。同时，不得大于钢筋间最小净距的 3/4；砂子应使用粗砂或中砂；外加剂按照混凝土配合比试验确定指标掺加，但不应掺用对钢筋有锈蚀作用的外加剂。

（4）钢模板制作应遵守下列规定：

1）模板制作，必须在有一定刚度的胎模上施工，定型肋板组焊—肋板矫正检测—骨架装配定位焊—组对面板焊接、焊接成型。

163

2）钢模板成型必须在胎模上施工，对于组合装配用的螺栓孔，在组合装配时应预先拧紧螺栓，防止在组装时螺栓孔或其他相邻部位尺寸错位。

3）钢模板肋条骨架网加固焊可在胎模下施焊，肋条骨架网加固焊后须经矫正后再上胎模组合钢模面板。

4）钢模面板上胎模必须经矫正矫平修边处理，组合肋条骨架网对位固定，面板与筋板肋条边贴附平顺压紧施焊。

5）钢模骨架网与面板组焊筋板和面板焊接采用对称间隔焊（见图5-1）组合边肋与内肋的T形组合处焊接必须双面全焊，骨架内肋十字组合处焊缝采用对角对称焊、单面焊缝长度不小于1/6肋板宽。

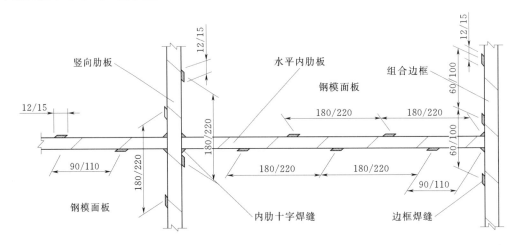

图5-1　钢模板组焊布局示意图（单位：mm）

6）对于肋板配料长度不够的短料，须对接的应采用双面焊，厚度超过6mm的应开坡口和预留熔合缝（见图5-2）。用于组合装配肋板的面，应单面磨削焊缝的高出部分且修磨平整后备用，用于内肋骨架的肋板对接不需修磨焊缝的高出面。

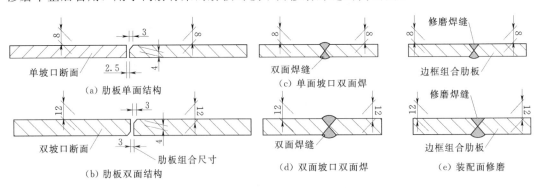

图5-2　肋板对接焊示意图（单位：mm）

7）钢模板已加工后的成品面板表面严禁出现面板表面划伤、电焊触点、电焊划痕、电焊烧穿（焊接塌陷）、砂轮磨削痕和其他人为造成的损伤（搬运、移位、矫正、补焊）。

8）钢模板焊接应符合《金属材料熔焊质量要求　第1部分：质量要求相应等级的选

择准则》（GB/T 12467.1—2009）、《金属材料熔焊质量要求　第 2 部分：完整质量要求》（GB/T 12467.2—2009）、《金属材料熔焊质量要求　第 3 部分：一般质量要求》（GB/T 12467.3—2009）、《金属材料熔焊质量要求　第 4 部分：基本质量要求》（GB/T 12467.4—2009）、《金属材料熔焊质量要求　第 5 部分：满足质量要求应依据的标准文件》（GB/T 12467.5—2009）的有关规定。

（5）模板的安装其他规定：

1）模板应按设计要求准确定位，且不宜与脚手架连接。

2）安装侧模板时，支撑应牢固，应防止模板在浇筑混凝土时产生移位。

3）模板在安装过程中，必须设置防倾覆的临时固定设施。

4）模板安装完成后，其尺寸、平面位置和顶部高程等应符合设计要求，节点联系应牢固。

5）固定在模板上的预埋件和预留孔洞均不得遗漏，安装应牢固，位置应明确。

6）采用提升模板施工时，应设置脚手平台、接料平台、挂吊脚手及安全网等辅助设施。

7）采用滑升模板时，模板的高度宜根据结构物的实际情况确定；模板的结构应具有足够的强度、刚度和稳定性；支撑杆及提升设备应能保证模板竖直均衡上升。组装时应使各部尺寸的精度符合设计要求，组装完毕应经全面检查实验合格后，方可投入使用。

（6）模板制作的允许偏差，应符合模板设计规定，一般模板不应超过表 5 - 1 的规定。

表 5 - 1　　　　　　　　　　　　　模板制作的允许偏差　　　　　　　　　　　单位：mm

偏 差 项 目				允许偏差
木模	小型模板：长和宽			±2
	大型模板（长、宽大于 3m）	长	±3	±3
		宽	±3	±3
	大型模板对角线			±3
	模板面平整度： 相邻两板面高差 局部不平（用 2m 直尺检查）			0.5 3
	面板缝隙			1
钢模、复合模板及胶木（竹）模板	小型模板：长和宽			±2
	大型模板（长、宽大于 2m）：长和宽			±3
	大型模板对角线			±3
	模板面局部不平（用 2m 直尺检查）			2
	连接配件的孔眼位置			±1

注　1. 表中木模是指在面板上不敷盖隔层的木模板，用于混凝土非外露面的木模和被用来制作复合模板的木模的制作偏差可比表中的允许偏差适当放宽。

　　2. 复合模板是指在木模面板上敷盖隔层的模板。

5.2 模板安装

5.2.1 施工准备

（1）学习操作规程和质量标准，审阅结构图纸及模板拼装图纸。

（2）制定质量保证措施。

（3）材料准备，包括模板、连接附件、拉杆、支撑杆、脱模剂等。

（4）立模前应根据专项施工方案中的设计图纸放线定位。

（5）应对钢管、扣件、连接件等构、配件逐个检查，不合格的不得使用。

（6）模板支架搭设场地应清理、平整、排水通畅，支架必须支撑在坚实的地基或者混凝土上，并应有足够的支撑面积。当支架基础为软基时，需对基础进行碾压，并浇筑一层混凝土板使地基受力均衡。对于施工荷载特别大的构件，应该对支架进行预压。

5.2.2 一般规定

（1）模板安装前，必须按设计图纸测量放样，重要结构应多设控制点，以利检查校正。

（2）当钢筋混凝土梁、板跨度大于4m时，模板应起拱；当设计无具体要求时，起拱高度宜为跨度的1/1000～3/1000。

（3）支架的材料，如钢、木，钢、竹或不同直径的钢管之间均不应混用。

（4）安装支架时，必须采取防倾倒的临时固定措施，工人在操作过程中必须有可靠的防坠落的安全措施。

（5）模板的钢拉杆不应弯曲。伸出混凝土外露面的拉杆宜采用端部可拆卸的结构型式。拉杆与锚环的连接必须牢固。预埋在下层混凝土中的锚定件（螺栓、钢筋环等），在承受荷载时，必须有足够的锚固强度。

（6）结构逐层施工时，下层楼板应能够承受上层的施工荷载。否则应加设支撑支顶；支顶时，立柱或立杆的位置应放线定位，上、下层的立柱或立杆应在同一铅垂线上，并设垫板。

（7）模板与混凝土的接触面，以及各块模板接缝处，必须平整、密合，以保证混凝土表面的平整度和混凝土的密实性。

（8）建筑物分层施工时，应逐层校正下层偏差，模板下端不应有错台。

（9）模板的面板应涂脱模剂，但应避免脱模剂污染或侵蚀钢筋和混凝土。

（10）吊运模板时，必须码放整齐、捆绑牢固。吊运大块模板构件时吊钩必须有封闭锁扣，其吊具钢丝绳应采用卡环与构件吊环卡牢，不应使用无封闭锁扣的吊钩直接钩住吊环起吊。

（11）模板安装的允许偏差，详见第8章相关内容。

5.2.3 各类模板安装

（1）木模安装。

1）木模的使用尽量以整块为佳，小堵头模应尽可能用旧材料。

2）堵头模安装之前，必须在铜止水牛鼻子中心焊好限位钢筋架子，保证立完模后，模板面位于牛鼻子中心，确保止水位置准确。堵头模的背枋间距不应大于40cm。

3）对于工作阀门井与检修门井的二期混凝土表面，虽然对平整度的要求略为低些，但其位置必须保证不得超过设计位置2cm。

（2）组合钢模板安装。

1）钢模与钢模之间应连接可靠。单元块（1200～1500mm）与单元块之间的连接必须不少于3个连接销点；采用普通小钢模时则至少应保证有4个连接销点。

2）模板面板的拼装，其平整度必须满足不大于2mm的要求。为保证其要求，支撑面板竖向龙骨的间距不应大于60cm，横向龙骨每排的间距不应大于90cm，每根竖向龙骨上下至少应扣有3个方钢卡，面板的接缝尽量错开，横龙骨与模板之间采用钩头螺栓连接，其间距不应大于1.5m。

3）在模板的安装过程中，必须有足够的临时支撑设施，防止模板倾覆伤人。

4）对于弯段、渐变段顶拱木模的拼装，在上木拉条之前必须将拉条刨平，拉条铺钉好后，必须再用刨子将面层刨平，对拉条间的缝隙应进行批灰处理。铺钉层板时，必须从一边向另一边推进，层板间不允许有搭接台阶出现，只允许对接或拼接，如果拼接时层板相互重叠，则应将上面的一层切除。拼接后，及时用钉子将层板与拉条严密钉实，不允许有架空的地方，以避免成型混凝土表面起皱。

（3）悬臂模板（多卡模板）安装。

1）模板初次立模。

①根据仓位配板图及锚筋布置图，利用小钢模或无腿支架悬臂模板浇筑3.0m起始仓。若是用小钢模立起始层时，定位锥、锚筋必须按模板位置精确埋设，且在同一水平线上。

②当起始仓锚固点混凝土的强度达到要求后，装上爬升锥及悬挂螺栓（多卡模板称B7螺栓），准备好第一层悬挂锚固点。从仓位末端或仓位转角处开始，根据模板配板图将组装好的模板依次挂到混凝土面上。第一块模板立模时，应使用水平仪和铅垂线，以保证立模时模板水平、垂直。

2）模板调节。

①模板悬挂好后，沿整个仓位拉一条直线，用轴杆调节模板的倾斜度，用高度调节件进行竖向调节，用锤子敲打楔块，使模板贴紧混凝土面，将模板校正对直。

②模板单元之间用U形卡连接。若模板间有空隙，在面板空隙之间插入拼缝板，用大号螺母将其固定。

③模板第一次立模时，面板比仓位设计线前倾10mm（可根据实际情况调整），确保模板在浇筑受力后复位。以后各次立模时，将面板前倾6mm（可根据实际情况调整）。

④面板涂刷脱模剂，上好定位锥及预埋锚筋，调整好抗倾装置，准备开仓浇筑。

3）模板提升。第一层浇筑完成，混凝土达到强度后，再进行模板的提升，具体操作如下：

①取出模板面板上的B7螺栓和面板之间的U形卡，并松开抗倾装置。

②取出连接模件三角楔块，将其插入连接模件另一孔中，用锤子敲打，使模板底部脱

离混凝土面。

③调节轴杆，使面板后倾，脱离混凝土面，将 B7 螺栓旋入定位锥。

④用钢丝绳、吊环（卸扣）扣住模板竖围檩专用吊点（起吊角度不大于 60°，两个吊点各使用一根起吊钢丝绳，钢丝绳长度相等，且强度留有足够的安全系数），并用汽车吊带紧钢丝绳。

⑤松开安全销，起吊整套模板单元。

⑥将模板悬挂到第二个悬挂锚固点上，固定安全销，松开吊钩。

⑦松开连接模件插销，操作后退装置，使模板后退 70cm。

⑧清理模板表面，完成仓面准备工作。

⑨工作人员站在下工作平台上取出第一层悬挂定位锥及 B7 螺栓，并在混凝土预留孔内补填细石混凝土或按设计要求处理。

⑩按步骤 2）调节模板，准备浇筑第二层混凝土。

（4）翻转模板安装。

1）准备工作。

①在浇筑现场附近选择适宜的装配场地，场地要求平整，最好为混凝土地面，以利于模板组装的精确性调整，也便于吊车运行。

②准备好组装平台。根据工地实际情况，可用方木放在混凝土地坪上形成简易组装平台，平台面积一般按 8～10m² 控制。

③在模板拼装场地准备好钢架管、扣件及螺栓标准件等组装材料和木工角尺、锤子、撬棍、活动扳手、5m 钢卷尺、水平尺、画笔等组装工具。

2）模板组装。

①在组装平台上，将钢面板背面朝上放置在已调整好的方木上，注意有预埋孔的一边朝上，钢肋方向向下。

②在面板上根据组装图，按尺寸把两品桁架放在面板背面，用 M16×45 螺栓将其固定在面板上，螺栓轻微带紧；同时用钢架管将桁架的两端规方加固，再将面板与桁架连接的 M16×45 螺栓拧紧。

③装配工作平台，工作平台上开有交通洞，方便施工人员上下移动。

④装配锚筋梁。装配时为使锚筋梁位置精确，应预先将预埋螺栓与锚筋梁、面板连接起来，再将 M12×45 螺栓拧紧。

⑤装配调节杆。调节杆在直面（斜面）与边坡处的装配孔位不同，需根据施工项目的具体情况采用专用调节杆连接。

⑥将装配好的模板经检查合格后进行编号，标明仓位及装置号，以备运往浇筑混凝土仓位。

3）模板安装。

①将组装成套的模板运至安装处，运输和现场堆放时板面向下，用方木垫平，最多只能叠放一块，以边安装边运为宜。

②从仓位的一端或仓位转角处开始，根据模板配板图将组装好的模板依次在仓位面上定位。第一块模板安装时，须使用水平仪和铅垂线检查模板安装精度，以保证模板安装时

模板水平、垂直。

③模板安装一般采用8t吊车配合，吊装钢丝绳须拴在桁架两侧的吊耳上，吊起后指挥到位将模板架立在起始仓模板上边线，桁架与桁架对接到位装上连接销，装好调节螺杆后便可松开吊钩。

④起始浇筑部位只先安装最下层模板，中间层和最上层模板在混凝土浇筑过程中安装，一般在浇筑到距其下层模板上边线600mm时便可开始，安装方法与最下层模板安装相同。

（5）预制混凝土模板安装。一般没有特殊要求的预制混凝土模板，在现场安装时，先在原混凝土面上铺水泥砂浆，并用木水平尺找平，若高差过大时，可用铁片、扁平石块垫平，灌满砂浆，然后安装混凝土模板，并校正平面位置及保持垂直。两块模板之间预留2cm缝隙，固定好拉模条。在浇筑混凝土时，用砂浆填满缝隙，并勾缝。

（6）滑模（井筒滑膜）安装。

1）基础面找平，并弹出轴线、内外筒壁线、提升架、支撑杆位置线和主要预留洞口边线等。

2）安装提升架，提升架的标高应满足操作平台的安装要求，提升架下口临时固定，安装提升架内外围圈，把所有提升架连接为整体。

3）安装模板内外围圈，调整其位置，使其满足模板倾斜度正确和对称的要求。

4）绑扎竖向钢筋和提升架横梁以下钢筋，安设预埋件及预留孔洞的模板，对体内工具式支撑杆套管下端进行包扎；钢筋绑扎时，应严格控制钢筋径向位置，否则将影响模板的安装。

5）安装内外模板，宜先安装角模后再安装其他模板；模板的安装应对称分段安装，防止模板产生单方向倾斜，从而使平台产生偏扭力，影响正常滑升。

6）安装操作平台的桁架、支撑和平台铺板等。

7）安装外操作平台的支架、铺板和安全栏杆等。

8）安装液压提升系统、垂直运输系统及水、电、通信、信号精度控制和观测装置，并分别进行编号、检查和试验。

9）在液压系统试验合格后，插入支撑杆。

10）安装内外吊脚手架及挂安全网，当在地面或横向结构面上组装滑模装置时，应待模板滑至适当高度后，再安装内外吊脚手架，挂安全网。

（7）免拆模板网安装。

1）免拆模板网模板可与所有常用的支撑装置一起使用，为了代替拆卸支撑，可以使用制成适当形状的钢筋，以代替常用的螺杆。紧固在支撑上的方法，可以是钉到筋木上面或用铁丝绑到钢条和钢筋上。相邻的模板面应重叠搭接，并将外侧的钢筋以约150mm的间距构紧。模板面的边缘应超出支承为150mm。

2）免拆模板网在安装时可水平或垂直放置，以适合各种情况。在浇筑时，支撑约束了模板壳，支撑件应与模板的钢筋成直角顶住模板。

3）在使用中，免拆模板网骨架必须朝向准备接受灌筑混凝土的一侧。

6 模板拆除、保养和维修

6.1 拆模时间控制

模板的拆除时间受多种因素的影响和控制，混凝土强度等级、水泥品种及强度等级、混凝土配合比、结构物的形式及跨度、荷载作用情况、施工现场的湿度和温度因素对拆模时间均有很大的影响。因此，模板的具体拆除时间要综合考虑多种因素的影响来确定。

6.1.1 现浇结构模板拆除

拆除时的混凝土强度，应符合设计要求；当设计无具体要求时，应符合下列规定。

（1）侧模拆除。应在混凝土强度能保证其表面及棱角不因拆除模板而受损时方能拆除，一般情况强度应达到 1.0MPa 左右。拆模时间应根据混凝土的强度等级、环境温度及模板型式而定。

（2）底模拆除。底模拆除所需混凝土强度见表 6-1。

表 6-1   现浇结构拆模时所需混凝土强度

结 构 类 型	结构跨度/m	按设计混凝土强度标准值的百分率计/%
板	≤2	50
	>2，≤8	75
	>8	100
梁、拱、壳	≤8	75
	>8	100
悬臂构件		100

注 "设计的混凝土强度标准值"指与设计混凝土强度等级相应的混凝土立方体抗压强度标准值。

（3）提前拆模。经计算试验复核，混凝土结构的实际强度已能承受自重及其他实际荷载时，可提前拆模。

6.1.2 预制构件模板拆除

预制构件模板拆除时的混凝土强度，应符合设计要求；当设计无具体要求时，应符合下列规定：

（1）侧模，在混凝土强度能保证构件不变形、棱角完整时，方可拆除。

（2）芯模或预留孔洞的内模，在混凝土强度能保证构件和孔洞表面不发生坍陷和裂缝后，方可拆除。

（3）底模，当构件跨度不大于4m时，在混凝土强度符合设计的混凝土强度标准值的50％的要求后，方可拆除；当构件跨度大于4m时，在混凝土强度符合设计的混凝土强度标准值的75％的要求后，方可拆除。

6.1.3 后张法预应力混凝土结构构件模板拆除

后张法预应力混凝土结构构件模板的拆除，除应符合表6-1和预制构件的规定外，侧模应在预应力张拉前拆除，底模应在结构构件建立预应力后拆除。

6.1.4 隧洞衬砌模板台车拆除

拆除模板台车时，应符合下列要求：

（1）直立面混凝土的强度不得小于0.8MPa。

（2）当围岩稳定、坚硬时，在拆模时混凝土能承受自重，并且表面和棱角不被损坏。洞径不大于10m的隧洞顶拱混凝土强度可按照达到5.0MPa控制；洞径大于10m的隧洞顶拱混凝土需要达到的强度，应经过专门论证。

（3）当隧洞混凝土衬砌结构承受围岩压力时，应经过计算和试验，确定混凝土需要达到的强度。

部分隧洞工程混凝土衬砌拆模时间见表6-2。

表6-2　　　　　　　　　　　部分工程隧洞混凝土衬砌拆模时间

序号	所在工程	隧洞功用	衬砌后断面型式	衬砌后断面尺寸/m	拆模时间/h	钢模台车形式
1	大西客专	铁路隧道	三圆心	最大跨度13.4	8~24	穿行式
2	拉西瓦水电站	尾水洞	圆形	直径17.5	18	穿行式
3	天花板水电站	引水洞	圆形	8.2	12	穿行式针梁式
4	二滩水电站	引水隧道	圆形	9.0	12	穿行式
5	向家坝水电站左岸进场交通洞	公路隧洞	三圆心	14.152×10.476（宽×高）	18	穿行式

拉西瓦水电站两条尾水洞均为圆形隧洞，开挖φ19.1m，混凝土衬砌厚80cm，1号尾水洞长499.09m，2号尾水洞长699.30m。混凝土衬砌施工顺序为先底拱、后边顶拱，底拱120°，采用针梁台车进行混凝土衬砌，边顶拱240°，采用全液压穿行式钢模台车进行混凝土衬砌，单循环衬砌长度12m，混凝土浇筑方式为混凝土搅拌车运输，泵送入仓。尾水洞衬砌后直径为17.5m，跨度较大，两条尾水洞各配一套底拱和边顶拱钢模台车，边顶拱钢模台车浇筑共需95个循环。

天花板水电站引水隧洞全长2514.009m，圆形断面，内径为8.2m。原设计阶段全线布置有0号、1号、2号和3号共4个施工支洞。施工过程中，综合考虑各方面因素，通过设计优化取消了2号施工支洞。引水隧洞围岩以Ⅳ类、Ⅴ类为主，占64.4％，其余为Ⅲ类。以1号施工支洞为界，上游为白云岩，下游基本为石英砂岩，两类岩层洞段各占一半。其中，1号施工支洞上游侧隧洞底层岩性为震旦系上统东龙潭组浅灰色中厚层至厚层状白云岩，整体稳定性较好；其下游侧隧洞岩性为震旦系下统澄江组紫红色岩屑石英砂岩夹粉砂岩、粉砂质泥页岩，靠近场址区不整合带厚度较大，角砾岩带物质成分较为复杂，为土夹碎石、砂岩碎块、白云岩块等，部分砂岩洞段围岩渗水较严重。引水隧洞开挖直径根据支护方式不同介于 9.5～10.3m 之间。采取台阶法开挖，上半洞对应圆心角为240°，下半洞开挖在上半洞贯通后进行。为方便车辆错车及掉头以加快出渣速度，沿洞轴线每隔 200m 设置一个错车道。

二滩水电站引水隧洞有 6 条压力管道，每条分为上平段、竖井和下平段 3 部分。1～6号隧洞上平段长度分别为 107.5m、94.4m、81.3m、68.2m、55.1m、42m，洞口 0＋15为由方至圆的渐变段，竖井高度均为 70m，上弯段和下弯段半径为 30m，下平段长度都为48.47m，隧洞标准开挖断面为直径 10.6m 的圆形，总长度 1845.0m，总开挖方量 16.3 万m³。隧洞水平段埋深 400m，山地坡角 25°～40°，位于侵入的火成岩区域，由二叠纪玄武岩和侵入的正长岩组成，覆盖层厚度为 4～8m，按修订的麦氏地震烈度为 7 度。隧洞沿线通过地段主要由正长岩组成，个别地段断层或裂隙较发育，一般围岩较完整，地下水位较低，成洞条件较好。由于构造裂隙、岩溶裂隙较发育，隧洞在雨季存在不同程度的渗漏，旱季只有少量渗水和滴水。引水隧洞开挖分为上下两部分进行，上部为上平段、上弯段和竖井开挖；下部从尾水开始由厂房底部对下平段和下弯段进行开挖。上平段开挖先开挖拱部，后开挖高 2～3m 的反拱段台阶。竖井开挖是利用天井钻自上而下钻一个 ϕ300mm 导向孔，然后沿导向孔进行反向扩挖成 ϕ1.5m 的出渣井，最后采用钻爆法扩成 ϕ10.6m 的竖井。

向家坝水电站进厂交通洞和上游围堰施工支洞位于水电站左岸。进厂交通洞长591.432m，典型断面尺寸为 15.392m×11.476m（宽×高），衬砌后的断面为 14.152m×10.476m（宽×高）。交通洞与上游围堰施工支洞在厂交 0＋475.880 处相交。进厂交通洞全断面全长混凝土衬砌。左岸上游围堰支洞长 405.0m，按围岩类别将开挖断面分为 A 型段和衬砌段两种，A 型开挖断面 7.66m×6.58m，衬砌段开挖断面 8.74m×7.92m（宽×高），衬砌后的断面为 7.5m×6.5m（宽×高）。A 型断面采用锚喷支护的方式，衬砌段首先采用锚喷临时支护，然后混凝土衬砌永久支护。上游围堰支洞混凝土衬砌段长 155.0m，非衬砌段长 250.0m。

6.1.5 滑动模板拆除（脱模）

在滑模施工时，其滑动速度必须与混凝土的早期强度增长速度相适应。要求混凝土在脱模时不坍落，不拉裂。模板沿竖直方向滑升时，混凝土的脱模强度应控制在 0.2～0.4MPa。模板沿倾斜或水平方向滑动时，混凝土的脱模强度应经过计算和试验确定，混凝土的浇筑强度必须满足滑动速度的要求。

6.2 拆模顺序和方法

拆除模板的顺序与安装模板顺序相反，先支的模板后拆，后支的先拆；先拆非承重模板，后拆承重模板；先拆侧模板，后拆底模板；拆梁底模应从梁跨的中间向两边拆除，拆悬臂梁梁底的模板时应从悬臂端向支座端拆除。

拆除模板时，人要站在作业平台上，不得站在模板上。严禁生敲硬撬，以免损伤混凝土棱角和造成模板受损变形。

拆下的模板和配件等，严禁抛掷，要用起重机或人工将拆下的模板和扣件传递至指定地点。

拆模时，要根据锚固情况，分批拆除锚固连接件，防止大片模板坠落。拆模应使用专用工具以减少混凝土及模板受到的损坏。

6.2.1 悬臂模板拆除（多卡模板拆除）

清除操作平台上的杂物→松开定位锥上的螺栓→松开面板之间的竖向 U 形卡连接→取出连接件三角楔块，将其插入连接模件另一孔中，用锤子敲打，使模板底部脱离混凝土面→对于顶部设有拉条的模板，割除顶部拉条→调节轴杆，使面板后倾脱离混凝土面，然后将 B7 螺栓旋入定位锥内并上紧到位→松开相邻模板间的安全网连接处→用钢丝绳、吊环扣住悬臂模板竖围檩专用吊点→松开安全销，起吊整套悬臂模板单元将模板调出仓外。

6.2.2 墙、柱模板拆除

柱模拆除：搭设作业平台→拆除斜撑/支撑水平杆→自上而下拆除柱箍或横楞→拆除模板间连接螺栓或回形销→拆除模板→清理模板并分类堆放。

墙模板拆除：先拆外墙外侧模板，再拆除内侧模板，先模板后角模。首先拆下穿墙螺栓，再松开地脚螺栓，使模板向后倾斜与墙体脱开。

6.2.3 梁、板模板拆除

拆除部分水平拉杆、剪刀撑→拆除梁连接件及侧模→松动支架柱头调节螺栓，使模板下降 2～3cm→分段分片拆除楼板模板及支撑件→拆除梁底模和支撑件→清理。

梁、板模板应先拆梁侧模，再拆板底模，最后拆梁底模。

梁侧模板拆除时，首先拆除梁侧模板的水平钢管及斜撑，然后轻撬模板与混凝土分离。

6.3 模板保养和维修

6.3.1 模板保养

（1）模板进场后，钢模板应清除表面锈蚀，面板及活动部分应涂防锈油脂，背面等其他部分应刷好防锈漆，对拉螺栓等物件应上好机油；暂时不用的零配件应入库保存；常用零配件和工具应放在工具箱内保存。

（2）每一次脱模后应将板面灰渣清理干净，及时涂刷防锈油脂。

（3）大型模板堆放时，应垫平放稳，并适当加固，以免翘曲变形。

（4）在使用过程中及堆放时应避免碰撞，防止模板倾覆。

（5）脱模时拆下来的零件要随手放入工具箱内，螺杆螺母要经常擦油润滑，防止锈蚀。

（6）经常保养和定期保养相结合，每次使用时模板均应处于良好状态。

（7）当一个工程使用完毕在转运到新的工程之前，应进行一次彻底清理，零件要妥善保管，残缺丢失的要一次补齐，易损件要准备充足的备件。模板出现缺陷时要进行修理。

6.3.2 模板维修

模板翘曲、板面凹凸不平、焊缝开裂、护身栏杆弯折现象，是模板在使用中常出现的问题，应及时维修。可以参考下述方法进行维修。

（1）板面凹凸不平。常见部位多发生在对拉螺栓周围，其原因是模板受力后板面受压过大，造成凹陷，或者塑料套管偏短，被穿墙螺栓的螺母挤压，造成板面刚度不够，受力后发生变形。修理方法是：将模板卧放，板面向上，用磨石机将板面的砂浆和脱模剂打磨干净。板面凸出部位可用大锤砸平或用气焊烘烤后砸平。对拉螺栓孔处的凹陷，可在板面和纵向龙骨间放上花篮丝杠，拧紧螺母，把板面顶回原来的位置。整平后，在螺栓孔两侧加焊一道扁钢或角钢，以加强板面的刚度。对于因板面刚度差而出现的不平，应更换板面。

（2）焊缝开裂。常发生在板面与横向龙骨和周边龙骨之间。板面拼缝处发生开焊时，应将缝隙内砂浆清理干净，然后用气焊边烤边砸，整平板面后再满补焊缝，然后用砂轮磨平。周边开焊时，首先将砂浆灰渣清理干净，然后用卡子将板面与边框卡紧，进行补焊。

（3）模板翘曲。多发生在模板四角部位，主要原因是施工中碰撞，或者是由于脱模困难，用大锤砸模板所造成的。修整时先用气焊烘烤，边烤边砸，使其恢复原状。

7 脱模剂和模板漆

　　清水混凝土是钢筋混凝土施工技术发展的课题之一。它是一项涉及施工质量、混凝土配合比设计、成品保护、混凝土表面修补和模板设计等方面的综合施工技术。目前，由于现行国家规范对清水混凝土没有准确的定义和明确的质量标准。因此，对于清水混凝土有不同的理解和不同的质量标准。一般建筑单位强调的清水混凝土，往往是指模板拆除后不再作任何装修，混凝土表面平整，颜色均匀一致，无蜂窝麻面、露筋、夹渣、粉化、锈斑和明显的气泡，追求混凝土的表面质感和"本色"。

　　显然，混凝土表面质量是清水混凝土成功与否的最直接反映，而模板及脱模剂（模板漆）的质量是影响混凝土表面质量的关键。脱模剂（模板漆）作为模板表面涂料，可用作木模、竹模、钢模等各种模具的长效脱模剂。解决了长期困扰建筑行业模板存放易生锈、混凝土表面易污染、脱模和清模困难等课题，所成型的混凝土具有清水混凝土的表面质感。

7.1　脱模剂的种类及特点

　　脱模剂种类较多，总体可分为油类、水类和树脂类三种。

7.1.1　油类脱模剂

　　（1）机柴油。用机油和柴油按 3：7（体积比）配制而成。

　　（2）乳化机油。先将乳化机油加热至 50～60℃，将磷质酸压碎倒入已加热的乳化机油中搅拌使其溶解，再将 60～80℃的水倒入，继续搅拌至乳白色为止，然后加入磷酸和苛性钾溶液，继续搅拌均匀即可。

　　（3）妥尔油。用妥尔油：煤油：锭子油＝1：0.75：1.5 配制（体积比）。

　　（4）机油皂化油。用机油：皂化油：水＝1：1：6（体积比）混合，用蒸汽拌成乳化剂。

　　（5）食用油。食用油做脱模剂宜选用透明度高的食用油。

7.1.2　水类脱模剂

　　水类脱模剂主要是海藻酸钠。其配制方法是：海藻酸钠：滑石粉：洗衣粉：水＝1：13.3：1：53.3（重量比）配合而成。先将海藻酸钠浸泡 2～3d，再加滑石粉、洗衣粉和水搅拌均匀即可使用，涂刷、喷涂均可。

7.1.3　树脂类脱模剂

　　为长效脱模剂，刷一遍可用 6 次，如成膜好可用到 10 次。

甲基硅树脂用乙醇胺做固化剂，重量配合比为 1000∶3～1000∶5。气温低或涂刷速度快时，可掺用一些乙醇胺；反之，要少掺。

7.2 常用脱模剂参数

常用脱模剂参数表见表 7-1。

表 7-1　　　　　　　　　　　　　　　常 用 脱 模 剂 参 数 表

名称	组成材料	配合比	每 500m² 模板用料	制作方法	备注
海藻酸钠	海藻酸钠	1	L5	先将海藻酸钠浸泡 2～3d，再用滑石粉、洗衣粉和水拌和至能用喷浆机喷涂为度，喷后 0.5d 左右即干	碱性较大，操作人员须戴手套和防护用品
	石粉	13.3	20		
	洗衣粉	1	1.5		
	水	53.3	80		
乳化机油	乳化机油	50～55	4.5	先将乳化机油加热至 50～60℃，将硬脂酸略微压碎倒入已加热的乳化机油中，搅拌使其溶解。再将 60～80℃ 热水倒入继续搅拌至乳白色为止，最后加入磷酸和苛性钾溶液，继续搅拌均匀	使用时要用水冲淡，用于钢模板时乳化液加五份水，拌匀后喷涂
	硬酸酯	1.5～2.5	0.23		
	磷酸85%	0.01	0.001		
	苛性钠	0.02	0.002		
	煤油	2.5	0.45		
	水	40～45	4.05		
妥尔油	妥尔油	1	1.43	先将煤油和锭子油混合搅匀，再用妥尔油搅匀，涂刷一昼夜干燥	妥尔油含脂肪酸不小于 25%，松香酸不大于 55%，甾醇沥青不大于 12%，水不大于 0.5%
	煤油	7.5	10		
	锭子油	1.5	2.15		
石蜡乳剂	石蜡	3		低温溶解石蜡，稍冷后掺入汽油搅匀	温度低时乳液易凝，涂刷后容易脱模，热天使用效果较好
	汽油	7			
机油皂化油	机油	1		三总原料混合，由蒸汽拌制成乳化剂	适用与低温，气温低时有冷凝现象，遇热融化，仍起隔离作用
	皂化油	1			
	水	6			
甲基硅树脂	甲基硅树脂	1		先将需要量的固化剂三乙醇胺倒在容器里，并加入少量酒精稀释，在搅拌下注入定量的甲基硅树脂中继续搅拌	三乙醇胺冬天可增至 0.3%～0.5%，夏天可减少至 0.1%～0.2%，加入固化剂后数小时内固化，要注意配量适当。刷 1 次可重复使用 4～6 次
	三乙醇胺	0.003～0.005			
	酒精	适量			

配置容器要干净，无锈蚀，不得混入杂质。工具用毕后应用酒精洗刷干净晾干。由于加入了乙醇胺易固化，不宜多配，故应根据用量配制，用多少配多少。当出现变稠或结胶现象时，应停止使用。甲基硅树脂与光、热、空气等物质接触都会加速聚合，应存储在避光、阴凉的地方，每次用过后，必须将盖子盖严，防止潮气进入，储存期不宜超过 3 个月。

7.3 模板漆性能与应用

7.3.1 模板漆的作用与特点

（1）保护模板，延长模板的使用寿命。混凝土施工工程中模板大多数露天堆放，如何保护模板不生锈是混凝土行业的一大难题。模板漆具有防腐防锈性；而且，由于漆膜的隔离作用使模板免于遭遇混凝土砂石料的磨蚀和水泥水化物的腐蚀，从而延长模板的使用寿命。

（2）提高混凝土表面质量，可达到"清水混凝土"效果。漆膜表面光洁度好，光亮丰满，自然形成瓷釉，能弥补模板表面缺陷。同时，涂膜具有极低的脱模吸附力，易于脱模和清理，避免了混凝土的粘附。使用模板漆成型的混凝土表面光滑，手感细腻，呈仿大理石状，并有光泽，无污染，大大提高了混凝土的外观质量，尽显混凝土"本色"，达到清水混凝土的效果。

（3）模板漆涂刷后干燥时间长，涂刷要求高，同时注意不能与水、酸、碱、醇接触，以免凝固。

7.3.2 食用油做模板漆

（1）食用色拉油选用透明度高的为好；在钢模板打磨完成、除锈处理完成后对模板刷食用色拉油两遍，第一遍不掉毛的毛巾擦拭干净，之后再刷第二遍后（重复上述工艺），要求眼观无油渍，手摸不沾油，方可合格。第二次刷油擦拭干净后对模板覆盖塑料薄膜进行防水防尘保护。

（2）食用油使用简单方便，便于施工，但在模板打磨、除锈等工作要做到细致到位，否则起不到清水混凝土效果；食用油作为模板漆可使混凝土颜色均匀、美观，但不会有大理石般镜面效果。

7.3.3 市面模板漆的种类
7.3.3.1 某品牌模板漆

某品牌模板漆是新一代混凝土脱模剂，由水性高分子成膜物质为主剂配以多种活性助剂经科学的加工工艺制成，涂刷一次可以免涂使用 6 次以上，适用于钢模、木模、竹模板，用于提高混凝土外观质量。其性能见表 7-2。

表 7-2　　　　　　　　　某品牌模板漆性能表

型　号	性　　能	注　意　事　项
HD-1 模板漆	1. 干燥时间（小时）25℃；表干小于 8h，实干小于 24h； 2. 耐磨性（500 转加荷 500g）小于 3mg； 3. 耐热饱和 $Ca(OH)_2$ 80℃不小于 120h，不起泡、不脱落； 4. 耐盐水性（3% NaCl）不小于 1 个月，不生锈	本漆容器切忌与水、酸、醇接触，以免凝固；需密封保存，防止渗水、漏气，用过的漆不能与未用过的合并，以免变质凝固；漆膜表干前不得雨水冲淋；有效期 18 个月

型号	性能	注意事项
HD-2脱模剂	1. 外观：棕褐色液体； 2. 化学性能：无毒无腐蚀	使用前应搅拌均匀，均匀涂刷，切不可漏刷；雨天不可作业；储存于阴凉处，避免阳光直晒；储存有效期1年
HDTM-1脱模剂	1. 外观：黄褐色加白色粉剂； 2. 稀释比例：1:25～1:40； 3. 溶解：12～24h不定时搅拌； 4. 化学性能：无毒无腐蚀； 5. 可以兑机油，按溶水后100:1～100:3，搅拌到机油分解为止	使用前应将本脱模剂溶水搅拌均匀，均匀涂刷，切不可漏刷；雨天不可作业储存于阴凉处，避免阳光直晒；储存有效期3年
HDTM-2脱模剂	1. 外观：棕褐色液体； 2. 化学性能：无毒无腐蚀	使用前应将本脱模剂溶水搅拌均匀，均匀涂刷，切不可漏刷。雨天不可作业储存于阴凉处，避免阳光直晒。储存有效期1年
脱漆剂	1. 外观：乳白色悬浮液体； 2. 使用量不大于200g/m²； 3. 脱漆效率（5～10min）不小于90%	因脱漆剂中含有强刺激性化合物，故施工时应穿戴好劳保用品，作好防护；万一脱漆剂溅到皮肤上，应立即用大量的水冲洗，然后根据不同程度而涂凡士林或就医治疗；储存于阴凉处，避免阳光直晒；储存期为6个月

7.3.3.2　BT-30清水混凝土模板漆

（1）调兑使用保存方法。

1）模板漆调兑方法。

①调兑模板漆的容器必须干净无污垢。

②严格按重量比进行配兑，春、夏、秋三个季节晴天或室内蒸汽养护条件下，可按1:2～1:3比例进行调兑（即1kg模板漆加2～3kg水）。

③冬季或雨天使用模板漆，调兑时应按最低比例进行调兑，适量提高浓度。

④冬季调兑模板漆时，应先将所需比例的水加热到50℃左右，然后再加入所需比例的模板漆。并充分搅拌使其完全溶解，严禁用蒸气直接冲兑脱模液。

⑤调兑模板漆的最佳方法是使用前一天将脱模液搅拌调兑好后，第二天使用时再适当搅拌，使脱模剂在水中得以充分溶解，以达到最佳的使用效果。

2）喷涂方法。

①凡是第一次使用本品的新、旧模具，必须先将模具彻底清洗干净。如模具生锈，应打磨除锈；如被油污或其他污染，应用热水加去污剂除垢。（餐具洗洁精极佳）

②将调兑好的模板漆，用洁净的滚筒，最好用喷雾器或压力喷枪均匀喷涂模具。

③为确保脱模效果，操作人员必须保证喷涂设施的完好，使喷出的脱模液呈雾状。做到均匀喷涂。切忌漏喷漏涂。

④露天生产喷涂好的模具，如不能马上立模，待用期间应用薄膜覆盖模具，防止风沙扬尘污染；刚涂刷后即遇雨水冲刷，又不能马上立模的，立模前应补喷或重涂1遍。

（2）保存方法及注意事项。

1）产品应在室内密封保存，保质期半年，严禁日晒雨淋。现场确无室内保存条件的，夏季也必须进行通风遮盖。高寒地区在冬季应作防冻保存处理。

2）高寒地区，产品冬季未置于室内作防冻处理的，如遇到冻结应放在20℃室内自然溶化或在铁桶外部进行加热，使其慢慢溶化。调兑时，倒置铁桶垫一物人工摇晃15min，这样可使模板漆因温度过低而改变的化学结构恢复到受冻前的状态。同时，在调兑模板漆时应先将水温加热到80℃左右，再按比例加入模板漆，并充分搅拌使其完全溶解。

3）高温季节，产品如遇烈日长时期暴晒后出现溶解不佳时，可在开桶时，将脱模剂桶倒置后垫一物，人工摇晃15min左右，再抽出调兑。

4）模板漆如存放时间超期或过长，冬季应按2）处理，夏季应按说明保存方法中第3条处理。

5）如遇上述2）、3）、4）问题，最简便的办法是：用空铁桶割开一头，形成大口桶，将模板漆抽入大口桶后，人工充分搅拌均匀后，再按模板漆调兑方法调兑，确保达到最佳的使用效果。

6）本产品在冬季使用时，模板漆的外观稠度会出现较高的现象，而在夏季使用时，模板漆的外观稠度则会出现略稀一点的现象，这种情况是由于气温变化引发的正常现象，对产品内在质量没有影响。

（3）产品特点。

1）外观乳白色，气味淡香，质地细腻滑润，犹如鲜奶。

2）产品纯度精，油脂含量高，耐高温性强，防冻凝点低，有一定的阻燃作用。

3）产品防腐性好，质量稳定性高，抗氧化性强，对水分子有一定的催化作用。

4）产品使用方便，不污染环境，对人体无毒害，干净卫生。

（4）产品的基本优点。

1）脱模效果好，脱模后能保持混凝土制品的本色，并能够减少气泡，而且对气孔、气泡有掩盖作用，与机油脱模相比，同等面积气泡减少2/3，使混凝土面光洁美观。

2）本品具有良好的防雨效果。本品在模具上形成隔离膜后遇一般雨水冲刷，不影响其脱模效果。

3）对混凝土制品表面和模具无腐蚀，无污染，对模具橡胶密封条和工人胶鞋无腐蚀软化。

4）脱模后，模板上灰尘少，无积垢，清理模具快捷轻松，模板上不留残迹。对金属模具有防锈功能，并有清洁模具之作用。在时间紧、任务重的情况下，可边脱模、边清模、边喷涂、边立模，提高模具周转速度。尤其是对已积垢的模具等，使用BT-30型产品后，能够逐步清除积垢，恢复模具原有的光洁度，减少清模投入，延长模具使用寿命。

5）调兑使用方便，用自来水或洁净清水按所需比例调兑后，喷涂在模具上，迅速形成隔离膜，即可浇灌混凝土。

6）经济实惠，比用机油和其他脱模产品，总成本要低50%～75%倍。

（5）技术要求及检测参数表。本标准适用于采用原油，经过白土接触脱色处理工艺后，加入适量的催化剂、防腐剂、抗凝剂及抗氧剂等精炼制成的乳白色模板漆。本产品广泛使用在大型桥梁、隧道、墩、柱水泥制品脱模工艺上。检测参数见表7-3。

表7-3 检 测 参 数 表

检验项目	质 量 指 标		检验方法
外观	白色均匀胶稠液态		目测
色泽	乳白色		目测
结构	细腻		目测
气味	无刺激性		感官
运动黏度（V40）	厘斯/s	17～23	GB/T 265
凝点	不低于	−10℃	GB/T 510
酸碱度	pH 值	7～8	GB/T 259
油脂含量	%	TF−8≥80	GB/T 512
硬脂酸值	毫克 KOH/g	≥1.9	GB/T 264
脱模液防锈性（室温蒸馏水，24h 一级铸铁）	9%浓度	单片无锈	SH/T 0080
表面张力	dyn/cm	≤60	GB/T 6541
耐高温性	隔离膜不溶化	90℃	高温蒸养检测

7.3.4 清水混凝土施工内容

水利工程中混凝土工程施工中关于清水混凝土施工的项目主要有：安装间、主厂房、副厂房墙体结构及板梁柱清水混凝土施工项目。市政桥梁工程施工中关于清水混凝土施工的项目主要有：墩柱、桥台、箱梁、防撞墙和引桥挡墙清水混凝土施工项目。其中对于施工中体型复杂，外观质量要求高，故采用由模板厂家制作的定型钢模板施工；对于混凝土施工体型简单、外露面面积大，采用面积大且轻便的高强度双面覆膜竹胶板，可不使用模板漆。

7.3.5 施工工艺

模板涂料的使用质量与基材处理及施工质量密切相关，任何环节的疏漏都将导致使用质量的下降。针对模板漆应特别注意上述两个环节的处理，以达到预期的使用效果。

（1）钢模板打磨、除锈。基材的表面处理直接影响着模板漆的重复使用次数。工程实例表明，基材处理好能重复使用5次甚至更多，处理不好只能使用1～2次就有漆膜脱落。基材处理重在去除浮锈、油污、蜡质及灰土，并应保留基材一定的粗糙度，以提高漆膜的附着力。基材不要做抛光处理，最好用细砂纸磨出纹理（见图7-1）。除锈一般采用机械法、手工法和化学除锈法三种：

1）机械除锈：采用喷砂（抛光）机、磨光机、角磨机配钢丝刷等机械设备进行。一般混凝土行业不具备喷砂条件。磨光机除锈后的模板过于光滑，不推荐采用。角磨机配钢

图 7-1 模板打磨处理

丝刷除锈后模板有一定的纹理，效果较好。

2）手工除锈：采用钢丝刷、砂布、碎砂轮等工具进行手工除锈。显然，手工除锈效率低。

3）化学除锈：是除锈液中的酸与铁锈化学反应生成能溶于水的盐而被洗去，又称酸洗。其优点是除锈效果好、效率高，缺点是易产生腐蚀，酸洗后需要把金属表面彻底清洗干净。若清洗不净，残存的盐将严重影响漆膜的附着力。

4）砂浆深度除锈：模板进行打磨除锈并擦拭干净后在模板面上覆盖厚 2cm 水泥砂浆（砂浆配比为 1∶1 或 1∶2 均可，但前者效果较好）进行深度除锈（对未处理完的铁锈进行充分氧化），见图 7-2。覆盖 2～3d 后，对砂浆进行剥离，剥离时用小锤轻轻敲击，使其慢慢脱落后，对模板进行二次打磨除锈，打磨完后，用不掉毛的毛巾进行擦拭干净，擦拭干净后进行验收，验收眼观手摸，验收要求：无锈蚀、面板光滑、无毛刺、无坑窝麻面。

（2）除油。除油一般有碱液除油和有机溶剂除油两种：

1）碱液除油：利用"皂化反应"，将能被皂化的植物油、动物油和碱反应生成可溶于水的甘油和肥皂。甘油溶于水可随水离开模板表面。肥皂可进一步乳化油脂，生成水与油的乳化液而达到除油的目的。

2）有机溶剂除油：利用溶剂油、二甲苯等溶剂，将溶于溶剂的油污除掉。但溶剂易燃、易污染环境。

（3）检查表面是否除掉油污及蜡质的标准。用水冲洗模板应形成连续的水膜，连续水膜在 30s 内不破裂，说明清洗工作完成。如果未除尽污和蜡，因表面张力不同，将导致水膜不连续，水膜破裂。

7.3.6 施工方法

刷涂、滚涂、喷涂均可。但滚涂易留下滚花印；喷涂因空气中的水分混入而容易使漆膜上留下气眼，故均不推荐使用。推荐刷涂、刷涂必须均匀，否则露刷处将使混凝土表面无光泽，颜色发灰，而刷厚处使混凝土表面光泽似镜，从而造成混凝土表面的发花。涂膜厚度应适宜，过薄将影响效果，过厚则不经济。

7.3.7 模板拆除

模板漆干燥后（约24h）方可进行混凝土施工。否则模板漆未干会黏附水泥浆，导致混凝土表面发花，拆模困难。

当发现漆膜破坏严重时应清除旧漆膜，重新涂刷；食用油在每次混凝土构件施工前均需进行涂刷两次，并均需擦拭干净后方可进行混凝土施工，其擦拭过程见图7-2。

图7-2 食用油涂刷后用毛巾进行擦拭过程

8 质 量 控 制

8.1 控制要求及标准

8.1.1 规定和要求

（1）应根据混凝土结构物的特点，尽可能采用提高混凝土成型质量的模板。

（2）模板及支架材料应符合规范要求，其结构必须具有足够的强度、刚度和稳定性，以保证浇筑混凝土时的结构形状尺寸和相互位置符合设计规定。

（3）模板表面应光洁平整、接缝严密、无错台无缝隙，以保证混凝土表面的质量。

8.1.2 质量检查内容和标准

（1）质量检查。质量检查的项目和标准见表8-1。

表8-1　　　　　　　　　　　质量检查的项目和标准

项次	项目	质量标准	项次	项目	质量标准
1	强度、刚度和稳定性	符合设计要求	2	模板表面	光洁、无污物

（2）质量检测。模板安装的允许偏差见表8-2～表8-4。

表8-2　　　　　　　　一般大体积混凝土模板安装的允许偏差　　　　　　　单位：mm

偏 差 项 目		混凝土结构的部位	
		外露表面	隐蔽内面
模板平整度	相邻两面板错台	2	5
	局部不平（用2m直尺检查）	5	10
板面缝隙		2	2
结构物边线与设计边线	外模板	0 −10	15
	内模板	+10 0	
结构物水平截面内部尺寸		±20	
承重模板标高		+5，0	
预留孔洞	中心线位置	5	
	截面内部尺寸	+10，0	

注　1. 外露表面、隐蔽内面系指相应模板的混凝土结构表面最终所处的位置。

　　2. 有专门要求的高速水流区、溢流面、闸墩、闸门槽、机电设备安装等部位的模板，除参照上表要求外，还必须符合有关专项设计的要求。

表 8－3 一般现浇结构模板安装的允许偏差 单位：mm

偏 差 项 目		允许偏差
轴线位置		5
底模上表面标高		±5
截面内部尺寸	基础	±10
	柱、梁、墙	+4 −5
层高垂直	全高不大于 5m	6
	全高大于 5m	8
相邻两面板高差		2
表面局部不平（用 2m 直尺检查）		5

表 8－4 预制构件模板安装的允许偏差 单位：mm

偏 差 项 目		允 许 偏 差
长度	板、梁	±5
	薄腹梁、桁架	±10
	柱	0 −10
	墙板	0 −5
宽度	板、墙板	0 −5
	梁、薄腹梁、桁架、柱	+2 −5
高度	板	+2 −3
	墙板	0 −5
	梁、薄腹梁、桁架、柱	+2 −5
板的对角线差		7
拼板表面高低差		1
板的表面平整（2m 长度上）		3
墙板的对角线差		5
侧向弯曲	梁、柱、板	$L/1000$ 且不大于 15
	墙板、薄腹梁、桁架	$L/1500$ 且不大于 15

注 L 为构件长度，mm。

8.1.3 检测数量

按水平线（或垂直线）布置监测点。总检测点数量：模板面积在 $100m^2$ 以内，不少于 20 个；$100m^2$ 以上，不少于 30 个。

8.1.4 质量评定

主要检测项目为：

（1）稳定性、刚度、强度。

（2）结构物边线与设计边线偏差。

（3）结构物水平截面内部尺寸。

（4）承重模板标示。

在主要检查项目符合本标准的前提下。凡检测点总数中有 70% 及以上符合上述标准的，即评为合格；凡有 90% 及以上符合上述标准的，即评为优良。

8.2 模板安装过程中质量控制

8.2.1 基础及地下工程模板安装应遵守的规定

（1）模板安装应先检查边坡的稳定情况，当有裂纹及塌方迹象时，应采取安全防范措施后，方可作业。当坡面高度超过 2m 时，应设上下扶梯。

（2）距基槽上口边缘 1m 范围内不应堆放模板。

（3）向基槽内运送材料时，应使用起重机、溜槽或绳索；操作人员应互相呼应；模板严禁立放于基槽的边坡上。

（4）斜支撑与侧面立模的夹角不应小于 45°，支撑于松软边坡上的斜支撑底脚应加设垫板，底部的围檩木应与斜支撑钉牢。高大、细长部位若采用分层支撑时，其下层模板应就位校正并支撑稳固后，方可进行上一层模板的安装。

（5）斜支撑应采用水平杆件连成整体。

8.2.2 立柱模板安装应遵守的规定

（1）立柱模板安装应采用斜支撑或水平支撑进行临时固定，当立柱的宽度大于 500mm 时，每边应在同一标高内设置不少于 2 根的斜支撑或水平支撑，斜支撑与地面的夹角为 45°～60°，斜支撑杆件的长细比不应大于 150。不得将大片模板固定在柱子的钢筋上。

（2）当立柱模板就位拼装并经对角线校正无误后，应立即自上而下安装柱箍。

（3）安装 2m 以上的立柱模板时，应搭设操作平台。

（4）当高度超过 4m 时，宜采用水平支撑和剪刀撑将相邻立柱模板连成一体，形成整体稳定的模板框架体系。

8.2.3 立面模板安装应遵守的规定

（1）使用拼装的定型模板时，应自下而上进行，必须在下层模板全部紧固后，方可进行上层模板安装。当下层不能独立设置支撑时，应采取临时固定措施。

（2）采用预拼装的大块模板时，严禁同时起吊两块模板，并应边就位、边校正、边连接，待完全固定后方可摘钩。

（3）安装电梯井、闸门槽内立面模板前，必须在模板下方 2m 处搭设操作平台，满铺脚手板，并在脚手板下方张挂大网眼安全平网。

（4）两块模板在未安装对拉螺栓前，板面应向外倾斜，并用斜支撑临时固定。安装过程中应根据需要随时增加或减少临时支撑。

（5）拼接时 U 形卡应正向、反向交替安装，其间距不应大于 300mm；两块模板对接处的 U 形卡应满装。

（6）立面模板两侧的支撑必须牢固、可靠，并应做到整体稳定。

8.2.4 独立梁模板安装应遵守的规定

（1）独立梁模板安装时应搭设操作平台，严禁操作人员站在底模上操作及行走。

（2）梁侧模板应边安装边与底模连接固定，当侧模高度较大时，应设置临时固定措施。

（3）模板起拱应在侧模内外楞连接固定之前进行。

8.2.5 楼板或平台模板的安装应遵守的规定

（1）当组合模板采用桁架支撑时，桁架应支撑在通长的型钢或木方上。

（2）当组合模板较大时，应加设钢肋后方可吊运。

（3）安装散块模板时，必须在支架搭设完成并安装主、次梁后，方可进行。

（4）支架立杆的顶端应安装可调 U 形托，并应支顶在主梁上。

8.2.6 模板支撑桁架的安装应遵守的规定

（1）桁架长度及设置应符合模板工程专项施工方案的要求。

（2）安装前应检查桁架及连接螺栓，确认无变形和松动后，方可安装。

8.2.7 其他结构模板安装应遵守的规定

（1）安装其他结构模板时，如雨篷、挑檐等，其支撑应独立设置在建筑结构或地面上，不得支搭在施工脚手架上。

（2）安装悬挑结构模板时，应搭设操作平台，平台上应设置防护栏杆和挡脚板。作业处的下方应搭设防护棚或设置围栏禁止人员进入。

（3）安装高耸或大跨度构筑物的模板时，应按专项施工方案实施。

8.2.8 扣件式钢管支架搭设应遵守的规定

（1）底座、垫板应准确地放在定位线上。

（2）严禁将外径 $\phi48$mm 与外径 $\phi51$mm 的钢管混合使用。

（3）扣件规格必须与钢管外径相同。

（4）扣件在使用前，必须逐个检查，不应使用不合格品，使用中扣件的螺杆螺帽的拧紧力矩应不小于 40N·m，不大于 65N·m。

（5）模板支架顶部、模板安装操作层应满铺脚手板，周围设防护栏杆、挡脚板与安全网，上下应设爬梯。

8.2.9 门式钢管支架搭设应按的规定进行

（1）用于梁模板支撑的门架应采用垂直于梁轴线的布置方式，门架两侧应设置交叉支撑。

（2）门架安装应由一端向另一端延伸，并逐层改变搭设方向、不应相对进行。搭设完成后要进行检查，待其水平度和垂直度调整合格后方可继续搭设。

（3）交叉支撑应在门架就位后立即安装。

（4）水平杆与剪刀撑应与门架同步搭设。水平杆设在门架立杆内侧，剪刀撑应设在门架立杆外侧。并采用扣件和门架立杆扣牢，扣件的扭紧力矩应符合第8.2.8条（4）项的规定。

（5）不配套的门架与配件不得混用。

（6）连接门架与配件的锁臂、搭钩必须处于锁紧状态。

8.3 模板拆除质量控制

8.3.1 拆除质量要求

（1）模板拆除必须在混凝土达到设计规定的强度后方可进行；当设计未提出要求时，拆模混凝土强度及时间参见6.1节的规定。当楼板上有施工荷载时，应对楼板及模板支架的承载能力和变形进行验算。

（2）对承重底模拆除时间和顺序应按专项施工方案进行。

（3）模板拆除时应设专人指挥。多人同时操作时，应明确分工、统一行动，且应具有足够的操作面。作业区应设围栏，非拆模人员不得入内，并有专人负责监护。

（4）拆模的顺序应与支模顺序相反，应先拆非承重模板、后拆承重模板，自上而下地拆除。拆除时严禁用大锤和撬棍硬砸、硬撬。拆下的模板构、配件严禁向下抛掷。应做到边拆除、边清理、边运走、边码堆。

（5）在拆除互相连接并涉及后拆模板的支撑时，应加设临时支撑后再拆除。拆模时，应逐块拆卸，不应成片敲落或拉倒。

（6）拆模过程如遇中途停歇，应将已松动的构配件进行临时支撑；对于已松动又很难临时固定的构、配件必须一次拆除。

（7）拆除作业面遇有洞口时，应采用盖板等防护措施进行覆盖。

8.3.2 各类模板拆除

8.3.2.1 柱模板拆除应遵守的规定

（1）应先拆除支撑系统，再自上而下拆除柱箍和面板，将拆下的构件堆放整齐。

（2）操作人员应在安全防护齐备的操作平台上操作，拆下的模板构、配件严禁向下抛掷。

8.3.2.2 墙模板拆除应遵守的规定

（1）由小块模板拼装的墙模板拆除时，应先拆除斜支撑或拉杆，自上而下地拆除主龙骨及对拉螺栓，并对模板加设临时支撑；再自上而下分层拆除木肋或钢肋、零配件和模板。

（2）组拼大块墙模板拆除时，应先拆除支撑系统，再拆除墙模接缝处的连接型钢、零配件、预埋件及大部分对拉螺栓。当吊运大块模板的吊绳与模板上吊环连接牢固后，才可拆除剩余的对拉螺栓。

（3）大块模板起吊时，应慢速提升，保持垂直，严禁碰撞墙体。

（4）拆下的模板及构、配件应立即运走，清理检修后存放在指定地点。

8.3.2.3　梁、板结构的模板拆除应遵守的规定

（1）梁、板结构的模板应先拆除板的底模，再拆除梁侧模和梁底模，并应分段分片进行，严禁成片撬落或成片拉拆。

（2）拆除时，作业人员应站在安全稳定的位置，严禁站在已松动的木板上。

（3）应在模板全部拆除后，再清理、码放。

8.3.2.4　支架立柱（立杆）的拆除应遵守的规定

（1）拆除立柱（立杆）时，应先自上而下地逐层拆除纵、横向水平杆，当拆除到最后一道水平杆时，应设置临时支撑再逐根放倒立柱（立杆）。

（2）跨度 4m 以上的梁下立柱拆除时，应按施工方案规定的顺序进行；若无明确规定时，应先从跨中拆除，对称地向两端进行。

8.3.2.5　特殊结构模板拆除应遵守的规定

特殊结构，如大跨度结构、桥梁、拱、薄壳、圆穹顶等的模板，应按专项施工方案的要求进行。

8.4　常见模板质量缺陷

8.4.1　模板下口轮廓线不平顺、封闭不严密

模板下口不平顺、封闭不严密或基面清理不彻底（如：底部夹有木条、石块、编织袋等杂物）。可能造成混凝土底部与下层混凝土结合处出现蜂窝、麻面或露筋等现象，俗称混凝土底部烂根。

8.4.2　模板表面粗糙、不清洁

模板表面粗糙、不清洁可能造成墙面粘连、缺棱掉角。主要现象为：墙体拆模时，大模板上粘连了较大面积的混凝土表皮，现浇墙体上口及周边拆模后缺棱掉角。

8.4.3　模板接口不平顺、缝隙较大

模板接口不平顺、缝隙较大可能造成混凝土错台和漏浆。主要现象为：在上、下两层墙体连接处出现错台，一般错台 2～3cm，在错台处易发生浆液流淌现象。不仅影响美观，错台严重时还影响结构质量。

8.4.4　模板面板刚度不够、平整度差

模板刚度不够、平整度差可能造成墙体凸凹不平。主要现象为：现浇混凝土墙体拆模后墙面凸凹不平，有的局部凸、也有的局部凹，有的成连续波形，用 2m 靠尺检查凸凹超过±5mm。

8.4.5　模板表面严重污染

模板表面严重污染、混凝土欠振漏振可能造成混凝土墙体起泡或气泡。主要现象为：墙面有数量较多的大面积起泡或气泡，作为永久面影响美观。如需装修，给装修工程带来

很大困难，既影响进度又增加用工。

8.5 常见由模板导致的混凝土质量缺陷及预防

8.5.1 混凝土底部烂根
8.5.1.1 原因分析
（1）模板下口封闭不严造成漏浆。

（2）第一层混凝土浇灌过厚，振捣棒插入深度不够，底部未振透。

（3）混凝土铺设后没有及时振捣，混凝土内的水分被基面吸收，振捣困难。

（4）混凝土和易性不好，骨料离析，分层平仓不好，混凝土欠振或振捣过久造成漏浆。

（5）钢模板与底层表面接触不严密。当底层混凝土变形较大时，这种情况更为严重。

8.5.1.2 预防措施
（1）安装模板前，在模板下脚相应的位置上抹水泥砂浆找平层，但应注意勿使砂浆找平层大于 3cm。

（2）模板下部的缝隙应用木条等塞严，但切忌将木条等伸入混凝土墙体位置内。

（3）增设导墙，或在模板底面放置充气垫或海绵胶垫等。

（4）浇灌混凝土前先浇一层厚 3～5cm 的砂浆，其成分与混凝土内砂浆成分相同。且砂浆铺设要均匀，禁止用料斗直接浇灌。

（5）坚持分层浇灌混凝土，第一层浇灌厚度必须控制在 50cm 以内。

8.5.2 墙面粘连、缺棱掉角
8.5.2.1 原因分析
（1）模板表面粗糙不清洁、脱模过早，尤其是在初冬阶段（温度在 −1～10℃ 时），由于缺乏可靠的保温措施，最易发生此类现象。

（2）混凝土用水量控制不严，质量波动大。

（3）模板清理不干净，特别是上、下端口部位及框边处，易积留混凝土残渣。

（4）使用了劣质的脱模剂，或脱模剂涂刷不均匀、漏刷，或脱模剂被雨水冲刷掉。

（5）模板上口砂浆层过硬，强度偏低，模板拆除过早或拆模时碰撞造成缺棱掉角。

8.5.2.2 预防措施
（1）加强模板使用前的质量控制。

（2）按规定时间拆模，拆模时间不能早。

（3）清理大模板和涂刷脱模剂必须认真，要有专人检查验收，不合格的要重新刷涂。

（4）应留有周转备用的洞口模板，以适当延迟洞口模板拆除时间。宜采用可伸缩的洞口模板。禁止用大锤敲击模板，以防损伤混凝土棱角。

8.5.3 混凝土错台和漏浆
8.5.3.1 原因分析
（1）测量时放线位置控制不准，使上下层墙体放线错位；有时下层模板不垂直，造成墙体上口位移；下层模板没有按放线位置支模，有偏移；模板支撑不牢固，混凝土振捣过度，使模板发生位移。

（2）上层模板与下部墙体间有缝隙，造成漏浆或出现错台。

（3）下层顶部模板支撑不牢，模板向外推移或局部外胀。拆模后外侧不直，安装上侧模板时贴附不严，造成漏浆或错台。

（4）模板刚度不够，有些部位支模困难，模板受振动时易发生位移或变形。

8.5.3.2 预防措施

（1）直接从下层向上层引测量控制线，然后再向模板上口校准控制线，避免误差累计。

（2）为了防止漏浆，可在大模板下口位置用木条塞紧空隙。

（3）为了便于模板平顺连接，上层模板可直接与下层模板连接，连接处的缝隙应用环氧树脂腻子嵌平。

8.5.4 墙体凸凹不平

8.5.4.1 原因分析

（1）模板刚度不够。模板背面的围檩木间距过大或所用面板钢板太薄（小于 4mm）。

（2）模板螺栓拧得过紧，使其附近钢板局部变形。

（3）振捣器猛振模板板面，板面局部损伤。

（4）安装及拆模过程中用大锤或撬棍猛击模板板面，使板面造成严重缺陷。

8.5.4.2 预防措施

（1）加强模板的维修，经常维修与定期维修相结合。板面有缺陷时，应随时进行修理，严重的应更换板面钢板。

（2）刚度不足的大模板，可加密背面围檩木，即在原来两根之间再加一根，或在原来两根水平槽钢之间再加一道垂直方向的短龙骨。

（3）不得用振捣器猛振模板面或用大锤、撬棍击打钢模。

（4）螺栓部位的钢板宜适当加固。加固方法可采用贴上一块小的方形厚钢板（贴在板面的反面）或在孔口两侧加焊型钢。

8.5.5 墙体起泡或气泡

8.5.5.1 原因分析

（1）减水剂掺量过多。

（2）混凝土坍落度过大，振捣时间太短，混凝土不密实。

（3）混凝土浇灌时一次下料太多，振捣时气泡未排出，而集结在混凝土墙面上。

8.5.5.2 预防措施

（1）按规定正确掺加减水剂，最好不用发泡型减水剂。

（2）避免混凝土坍落度过大，一般宜采用 5～7cm，特殊部位、特殊情况下由实验确定。

（3）加强混凝土振捣，如混凝土内掺减水剂，宜采用高频插入式振捣器进行振捣。振捣棒移动间距不应大于 30cm，拔出时速度要慢，振捣时间以表面不再冒气泡为度。

（4）混凝土每次铺设厚度以 30～50cm 为宜。

9 安 全 管 控

9.1 木模板的安全管控

（1）支、拆模板时，不应在同一垂直面内立体作业。无法避免立体作业时，应设置专项安全防护设施。

（2）高处、复杂结构模板的安装与拆除，应按施工组织设计要求进行，应有安全措施。

（3）上下传送模板，应采用运输工具或用绳子系牢后升降，不得随意抛掷。

（4）模板不得支撑在脚手架上。

（5）支模过程中，如需中途停歇，应将支撑、搭头、柱头板等连接牢固。拆模间歇时，应将已活动的模板、支撑等拆除运走并妥善放置。

（6）模板上如有预留孔（洞），安装完毕后应将孔（洞）口盖好。混凝土构筑物上的预留孔（洞），应在拆模后盖好孔（洞）口。

（7）模板拉条不应弯曲，拉条直径不小于14mm，拉条与锚环应焊接牢固。割除外露螺杆、钢筋头时，不得任其自由下落，应采取安全措施。

（8）混凝土浇筑过程中，应设专人负责检查、维护模板，发现变形走样，应立即调整、加固。

（9）拆模时的混凝土强度，应达到《水电水利工程模板施工规范》（DL/T 5110—2003）所规定的强度。

（10）高处拆模时，应有专人指挥，并标出危险区；应实行安全警戒，暂停交通。

（11）拆除模板时，严禁操作人员站在正拆除的模板上。

9.2 钢模板的安全管控

（1）安装和拆除钢模板，详见第9.1节木模板的安全管控的有关规定。

（2）对拉螺栓拧入螺帽的丝扣应有足够长度，两侧墙面模板上的对拉螺栓孔应平直相对，穿插螺栓时，不得斜拉硬顶。

（3）钢模板应边安装边找正，找正时不应用铁锤猛敲或撬棍硬撬。

（4）高处作业时，连接件应放在箱盒或工具袋中，严禁散放；扳手等工具应用绳索系挂在身上，以免掉落伤人。

（5）组合钢模板装拆时，上下应有人接应，钢模板及配件应随装拆随转运，严禁从高处扔下。中途停歇时，应把活动件放置稳妥，防止坠落。

（6）散放的钢模板，应用箱架集装吊运，不得任意堆捆起吊。

（7）用铰链组装的定型钢模板，定位后应安装全部插销、顶撑等连接件。

（8）架设在钢模板、钢排架上的电线和使用的电动工具，应使用安全电压电源。

9.3 大模板的安全管控

（1）各种类型的大模板，应按设计制作，每块大模板上应设有操作平台、上下梯道、防护栏杆以及存放小型工具和螺栓的工具箱。

（2）放置大模板前，应进行场内清理。长期存放应用绳索或拉杆连接牢固。

（3）未加支撑或自稳性不足的大模板，不应倚靠在其他模板或构件上，应卧倒平放。

（4）安装和拆除大模板时，吊车司机、指挥、挂钩和装拆人员应在每次作业前检查索具、吊环。吊运过程中，严禁操作人员随大模板起落。

（5）大模板安装就位后，应焊牢拉杆、固定支撑。未就位固定前，不得摘钩，摘钩后不应再行撬动；如需调正撬动时，应重新固定。

（6）在大模板吊运过程中，起重设备操作人员不得离岗。模板吊运过程应平稳流畅，不应将模板长时间悬置空中。

（7）拆除大模板，应先挂好吊钩，然后拆除拉条和连接件。拆模时，不应在大模板或平台上存放其他物件。

9.4 滑动模板的安全管控

（1）滑升机具和操作平台，应按照施工设计的要求进行安装。平台四周应有防护栏杆和安全网。

（2）操作平台应设置消防、通信和供人通行的设施，雷雨季节应设置避雷装置。

（3）操作平台上的施工荷载应均匀对称，严禁超载。

（4）操作平台上所设的洞孔，应有标志明显的活动盖板。

（5）施工电梯，应安装柔性安全卡、限位开关等安全装置，并规定上下联络信号。

（6）施工电梯与操作平台衔接处，应设安全跳板，跳板应设扶手或栏杆。

（7）滑升过程中，应每班检查并调整水平、垂直偏差，防止平台扭转和水平位移。应遵守设计规定的滑升速度与脱模时间。

（8）模板拆除应均匀对称，拆下的模板、设备应用绳索吊运至指定地点。

（9）电源配电箱，应设在操纵控制台附近，所有电气装置均应接地。

（10）冬季施工采用蒸汽养护时，蒸汽管路应有安全隔离设施。暖棚内严禁明火取暖。

（11）液压系统如出现泄漏时，应停车检修。

（12）平台拆除工作，可参照本节有关规定。